U0005081

台北市醫學人文學會理事長
施以諾博士 真心推薦

使用手冊 關節

人體關節的使用與保養

圖解版

三軍總醫院復健醫學部
物理治療師 陳淵琪 ◎著

晨星出版

右手能醫，左手能繪

在我們「臺北市醫學人文學會」的眾多理監事中，陳淵琪物理治療師的表現幾乎是最耀眼的一位。除了她本身的物理治療專業之外，她「上台能演講、下台能寫書」，更難得的是，陳物理治療師畫得一手好插圖，擅於用插圖來向一般社會大眾生動地傳遞深奧的醫學常識，這一點，讓我由衷佩服。

陳物理治療師又要出書了！這本《關節使用手冊：人體關節的使用與保養【圖解版】》生動有趣、深入淺出，又是一本圖文並茂的好書。特別是現代人常使用3C產品，且社會上高齡化的現象越來越明顯，無論是低頭族或銀髮族比率都急速攀升，使得關節保養的議題更應受國人所重視。

這並非是一本生硬的醫療保健書，它非常的實用、生活化，包括「如何穿好高跟鞋？」、「如何防治因辦公姿勢所造成的傷害？」……等非常時尚且親民的議題，本書都有很實用的探討與圖說，使得原本有些難懂的保健知識，即便光讀文字難以明白，看圖也能輕易理解。

　　我所認識的陳淵琪物理治療師是一位「右手能醫，左手能繪」的才女，這本書正是結合了她的醫療專業與業餘繪圖興趣所誕生的一本好書。

　　在此鄭重推薦她的新書《關節使用手冊：人體關節的使用與保養【圖解版】》，這是一本跨越年齡層的健康叢書，甚願這本書能成為每個家庭都有一本的暢銷書！促進社會大眾的關節健康與保健。

輔仁大學醫學院職能治療學系專任副教授

臺北市醫學人文學會理事長

施以諾博士

保養要趁早，關節自然能軟Q

　　之前有個健康食品的電視廣告，講述一位奶奶想要去太魯閣玩，結果關節不好無法實現心願，我心中有些感觸，如果奶奶懂得及早保養她自己的膝關節，就不會沒辦法完成這個小小心願了。

　　其實很多病友都是這樣，常常來的時候我詢問完症狀、病史、工作型態後，病友就會跟我說：「老師，是不是我以前經常搬重的關係？」、「老師，是不是我滑手機的關係？」……

　　其實大家心中幾乎都有答案，只是當做動作的時候，大腦會忽略身體的小小不適，並把所有能量集中在你所專注的事情上，例如：打麻將、用line聊天……這也就是為什麼通常要等到放下手邊事物的時候，才會發現疼痛的原因。如果沒有調整及保健自己的關節及身體的意識，身體很快就會出現狀況。請記得人和電腦一樣，需要經常釋放空間才會運作得更好。

　　現在由於智慧型手機、平板電腦的普及，有關節、肌肉疾患的患者如雨後春筍般湧入復健部，而且年齡層也越來越低，令人不禁擔憂十年後這些年輕人的身體狀況。其實保養身體很簡單，只要先了解構

造、知道動作原理，保持正確的概念做動作，自然就不容易受傷，關節自然能軟Q靈活。

　　說了這麼多，其實就是想傳達「預防勝於治療」的概念，而這本書也希望能跟大家分享預防的概念與技巧、提醒要常關心自己的肉體，進而能擁有不痠痛的身體，才能完成更多心中的夢想。

　　感謝三軍總醫院復健醫學部的陳良城主任及李宗穎醫師在過程中給我很多支持與鼓勵；感謝朱美滿老師教給我們全人的治療觀念，謝謝您帶給物理治療的不同視野；更感謝三總物理治療同仁的協助與陪伴；感謝病友們豐富及啟發我的生命。感謝過程中後勤補給的父母、家人及師長、朋友。

　　再次祝福大家都能擁有美好、健康、平安的生活。

三軍總醫院復健醫學部

陳淵琪 物理治療師

目次 CONTENTS

減少滑手機，腕關節沒負擔／51

不當低頭族，
不用太早拉脖子

在物理治療室裡，有越來越多年輕族群來「造訪」，大家的通病就是：頸部痠痛。

為什麼呢？仔細看看不難發現，大家即便是在拉脖子的同時，還是不忘滑一下手機，打個卡、自拍一下，順便再上一下 FB、回一下 Line……這些動作都是頸部痠痛的主因呢！

你是不是也跟喵爺爺一樣呢？

◎小心這些習慣都會對頸部造成嚴重的傷害

長時間看書

撐著頭看電視

打麻將

姿勢不良

低頭族

寫書法

　　根據國外的一項調查顯示，曾經因為頸部疼痛而請假的人多達15%。頸部是人類進化中非常重要的一環，人類進化開始直立之後，臉部才能朝前方、雙眼置於同一個平面，且產生立體的視覺，因此造就人類更多的發展。而頸部的功能即為支撐頭部、提供其轉動、彎曲等能力，也因為頸部的幫助，我們才能察覺更多危機或欣賞美好風景。

　　然而頸椎痠痛的問題總伴隨著寫字、看書而出現，當我們「低頭」時，頭的重量會對頸部產生非常大的拉力，這就像釣到大魚時魚竿被拗彎一樣，因此若長時間低頭做事，頸部的痠痛必定隨之出現，長期累積下來可能導致肌筋膜疼痛發炎、頸椎椎間盤病變或產生骨刺等，嚴重時甚至還會壓迫神經，讓生活功能受到各式的損害，導致日常的不便。

　　近十年來，由於電子產品發展日漸蓬勃，人們低頭的時間與頻率更增加了，在復健部因肩頸疼痛求診的患者，也日益漸多，年齡層也由原有的50歲上下，下修到30～40歲，年紀輕輕卻已經有頸部不適的症狀或頸椎病變的患者越來越多。

　　因此頸椎問題可不容小覷，如果大家只注重使用3C的便利性，卻忽略了對頸椎的傷害，很可能再幾年，後頸部疾病會變成全人類共同的流行病。

低頭好困擾

轉頭不易

脖子痠痛

肩頸很緊繃

手無力

讓我們一起來了解頸部的構造

頸部主要由七節頸椎作骨幹，脊椎旁小肌肉功能為支撐周邊的大肌肉進行動作，而為了讓直立起來的人們有更多察覺環境的能力，頸椎因而犧牲了穩定度，提升了活動度，但同時也變得較容易受傷。

頸部的曲線呈現「ᗡ」型，在此狀態下，頸椎的椎間盤才有良好的空間、肌肉群也才能最省力的做動作。但當我們低頭的時候，頸椎就會變成「Γ」的形狀，此時椎間盤壓力很大、肌肉也會被拉扯而力量不足，就很容易發生痠痛等狀況。

因此要保養頸部，第一要點就是不要一直低頭、保持好姿勢、多活動頸部，就能延緩頸部退化的速度。

解析頸部

◎頸椎

頸椎共有七節，正常直立放鬆時呈現ᗡ字形；壓力最小的時候是耳垂對準肩峰的姿勢，若此時我們把頭的重量算做6公斤，當頭往前延伸的時候，頸椎接受的壓力可以高達16～21公斤。可想而知，在如此長期的高壓下，對頸椎的傷害有多大。

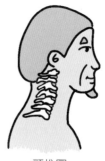

頸椎圖

◎穩定肌群

現在坊間很流行建議下背痠痛的朋友
進行核心肌群訓練，但所謂的核心肌群即
為負責單節單節與之間的小肌肉，他們就
像是火車與車廂中間的連接器，維持著不
讓火車出軌，但如果長期處於在延展的狀
態或轉折角度太大，火車軌道就會變形導
致傷害或意外。

穩定肌群圖

◎動作肌群

頸部淺層有數條有名的大肌肉，如斜
方肌、提肩胛肌、胸鎖乳突肌等。為什麼
說他們是有名的肌肉呢？因為這幾條肌肉
都是人們很容易感到緊繃痠痛的部位，例
如：斜方肌就是台語俗稱的「大板筋」，
位置就在肩頸交會的地方，負責使頭抬起
或傾斜，且穩定雙肩。

這些肌肉的作用當然不是只有緊繃而
已，他們還負責頸部跟肩膀的活動，促使
頸部跟肩膀能隨心所欲地做出我們想要的
動作。

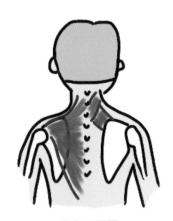

動作肌群圖

仔細檢查一下你的頸椎吧！

接下來，我們一起來檢查看看你的頸部是否有容易傷害的危險因子：

請觀察你的生活習慣，若一週內三天有以下情形，表示可能有危險因子。

經常使用智慧型手機或平板電腦，且使用時沒有額外支撐物。

工作需要用到桌上型電腦或筆電。

喜歡看書或做手工藝、烹飪等。

喜歡斜躺在沙發上看電視。

請朋友從側面看過去，你的耳垂位置在肩膀前方。

經常用脖子夾著電話通話。

坐車、等車時喜歡拿出手機來操作。

喜歡打麻將、下棋、桌遊等需久坐、專心的休閒活動。

好學爺爺好困擾

老是伸長脖子觀察周遭事物的爺爺，頸部劇烈疼痛、生活開始出現了變化……

頸椎保健有一套，照做就能保養好

　　頸部保健首重良好姿勢的維持、經常性的活動、核心肌群的訓練，且避免重複的動作及單一的姿勢。

　　現代人因長時間坐姿伏案工作及低頭滑手機，導致頸部退化加速，因此下面的動作以坐姿為主，鼓勵大家將保健動作融入工作及生活中，才能預防勝於治療。

　　保健動作可分為三部分：

　　1. 坐姿的調整

　　2. 日常保健活動

　　3. 頸部肌力訓練

坐姿的調整

　　坐姿時注意脖子保持直立下巴不突出，必要時可使用輔助器材避免低頭或雙手懸空。例如使用枕頭、包包墊高3C產品及雙手，也可以使用腰枕將背部及腰部支撐好，幫助身體不會垮下。另外，也要讓眼睛視線與螢幕保持平行。

標準坐姿圖

◎椅背幫幫忙

選擇一張硬質椅背的椅子，如餐桌椅。盡量往後坐到椅子的最深處，將兩隻手往後掛在椅背上，把胸部挺起，做5～10個深呼吸，輕輕將雙手放下。

◎鴿子走路

鴿子走路的時候都會將頸子前後前後擺動，我們在坐姿下操作事物的時候，也可以不時向鴿子學習，把脖子前後移動。

先將脖子往前伸到最前方、再向後收緊，若椅背有靠枕，就貼緊靠枕，重複3～5次。

其餘支撐的部分可以參考Part 4腰部保健的章節，腰椎跟頸椎是難兄難弟，如果在坐姿下將腰部支撐好、頸部自然也會輕鬆。若有足夠額外的支撐（如：枕頭、靠墊），就能幫助我們維持良好時間更長久，而再配合適當活動，就能避免慢性姿勢不良的傷害。

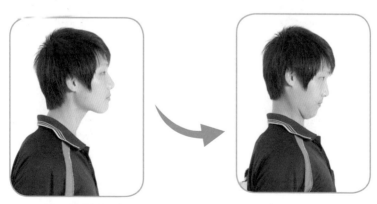

脖子往前伸到最前方、再向後收緊，重複3～5次。

日常保健活動

　　工作時，同樣的動作與姿勢不要連續超過半小時。一開始可以使用計時器提醒自己起身動一動，每次起來活動的時間不一定要很久，但重點是須改變姿勢。以維持肌肉的彈性。

◎雙手枕頸

　　將雙手在頭後側交叉，手掌摸到頸部後方、下巴收起，雙手肘往後撐開，停留10秒重複5～10次坐姿或站姿下皆可做，注意上半身挺直、下巴收好。打開時可做深呼吸。

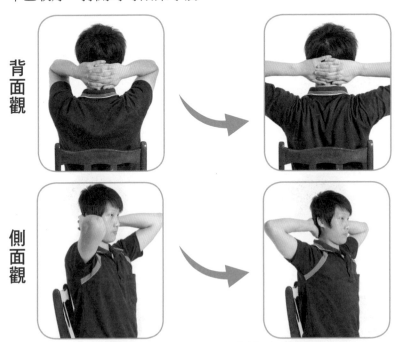

背面觀

側面觀

雙手在頭後側交叉，手掌摸到頸部後方、
下巴收起，雙手肘往後撐開。

◎仰式划水

坐姿或站姿下，做出像游泳仰式的動作。坐挺右手舉高往後划、畫圈，換左手舉高往後划畫圈，雙手交替划約20圈，記得向後划就好，不要往前划喲！

動作越大越好、越慢越好，並且配合深呼吸，往後划時吸氣、放下來時吐氣。

如果有肩膀疼痛或五十肩的朋友，也可以用肩膀交替往後划。

◎脖子伸長長

　　脖子往前後左右4個方向伸長，左邊耳朵先往左邊靠近肩膀、停留10秒鐘，右邊耳朵再往右邊肩膀靠近、停留10秒鐘，下巴往胸口靠近、停留10秒鐘，往上抬頭停留10秒鐘。重複3回。

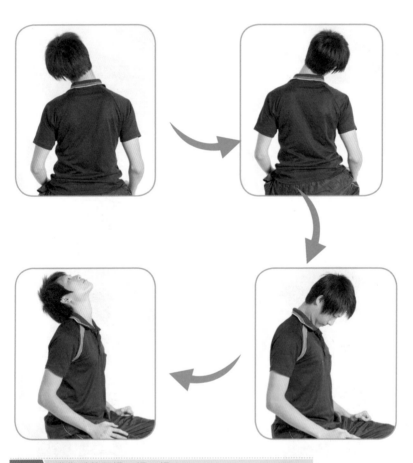

注意　動作千萬要慢！慢！慢！
如果活動時有「喀喀」聲響或疼痛時，請先暫停。

頸部肌力訓練

　　頸部肌肉經由活動、伸展、按摩獲得放鬆後，雖然症狀、痠痛會暫時減輕不少，但如果沒有在此時把肌肉力量訓練起來，那麼症狀就很容易再復發。因此若要解決頸部根本痠痛問題，肌力訓練是不可或缺的！

◎硬挺頸項

　　拿一條毛巾，捲成長條狀、對折，將中心點放在枕骨正後方，雙手抓著毛巾兩頭往前上方輕提，枕骨往後頂，將頭部維持在中間不動。維持5～10秒，放鬆。

　　將毛巾捲成長條狀，中央繞過右邊太陽穴，左手抓著毛巾，固定不動，頭往右邊的毛巾頂，頂著維持10秒，重複5次，再換左邊。

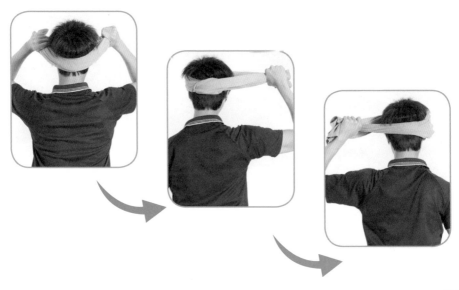

　　前面我們就說過，頸部的保健以正確姿勢的維持為首要，如同腰部一般，通常問題都發生在我們長時間所採取坐姿或不良姿勢上，而導致穩定肌群的肌耐力、肌力不足，長久以來會使肌筋膜彈性疲乏、容易感到痠痛，嚴重時可能還會演變成頸部椎間盤突出或骨刺、退化等神經方面病變，進而導致劇烈疼痛或上肢無力。

　　解決的方法其實很容易，就是從日常生活中做起，經常活動、保持好姿勢，不要常常把脖子伸出來，就能擁有靈活的頸部囉！

PART 2

使用不過度，
舉手不用愁

五十肩，大家一定都聽過了吧！

現在，五十肩可不是超過 50 歲的朋友們的專利了，有很多 3、40
歲，甚至還有大學生也感受到肩關節症狀的困擾。因此大家及早
開始保養，才能遠離五十肩的威脅喔！

你是不是也跟喵奶奶一樣呢？

買菜提重物

曬衣服

炒菜

擦窗戶做家事

抱小孩

打球運動

　　肩關節可說是人體活動度最大的關節之一（另一個為髖關節），而且身為萬能雙手跟身體連結的關節，肩關節必須同時擁有穩定度跟活動度，因此可說是最容易發生症狀的關節之一。

　　相信大家都聽過五十肩吧！雖然現代人，不需要像農業社會一樣幹這麼多粗活，但相對地我們的工時延長，經常重複相同的動作；再加上智慧型手機、平板電腦的普及，導致肩關節的退化問題提前發生。現在臨床案例中，五十肩早已不是中年大叔、大姐的專利，肩關節症狀的年齡層已經下降到大學生了呢！

　　及早開始保養肩關節，就像買儲蓄險一樣，現在投資未來才能有良好的生活品質！

　　肩關節疾患通常是長期累積下來的退化性疾病。年輕時感覺肩膀痠痛，常常就貼個藥布、泡泡熱水或根本不管它，大概幾天症狀就緩解了，但隨著年齡上升、肩關節周邊的軟組織已經不像以往的有彈性、循環也不好，如果年輕時的保養沒有做好，就很容易演變成慢性肌腱炎、關節沾黏、肌腱鈣化等問題。

　　肩關節疼痛是非常難受的，因為刷牙、洗臉、穿衣服、梳頭髮等基本動作都會造成困難，嚴重時生活都無法自理。加上疼痛在夜晚就寢的時候會特別厲害，許多病友都會抱怨，半夜痛到醒過來而無法好好休息，導致症狀又再加重的惡性循環。

　　例如我的母親大人，前兩年突然肩膀痛了起來，疼痛到睡不好、開車也轉不動方向盤，到了骨科檢查發現是肌腱鈣化，這就像是肩膀肌肉裡面的「結石」，醫生說這顆直徑約3公分的結石，是累積40年

才有的「歲月精華」，並不是一夕之間突然發生的。其實人體就是這樣，很多損傷都是慢慢累積起來了，等到某一天「稻草」壓下來時，症狀才會「突然」發生。像退化性關節炎、器官內結石、高血壓、腦中風，許多慢性病都是一樣，唯有平常時就好好照顧自己的身體、隨時察覺身體的異樣，才能減少身體反撲時的力道。

動作好苦惱

肩頸常痠痛

肩膀舉不高

做事不靈活

半夜會痛醒

穿脫衣物難

抓癢抓不到

肩關節構造大揭祕

肩關節包含：

- 鎖骨（黃色）

- 肩胛骨（粉紅色）

- 肱骨（綠色）

其中與肩關節息息相關有：

●肩胛骨與肋骨共同形成的活動關節

肩關節圖

肩關節的基本動作

1　前曲、後收

2　展開、內收

3　內轉、外轉

　　三類型的動作彼此成對，且缺一不可，而我們日常生活的動作，基本上也是以此六個動作的複合動作，例如：刷牙的肩關節動作是前曲、內收加內轉所形成的。

　　因此當肩關節輕微受傷時，日常動作可能由其他動作代償，而不易察覺。等到發現的時候，動作已經嚴重受限，此時再來進行復健就必須要從頭練起，十分辛苦。

因此平常的時候，就要養成檢查關節活動度的好習慣。當發現自己的某個動作角度變差或痠痛時，須趕快進行下列的保健動作及肌肉放鬆，以預防肩關節的動作受限。

前曲、後收　　　　內轉、外轉

展開、內收

找出危害肩關節的兇手吧！

接著，我們一起來檢查看看你的肩膀是否有容易受傷的危險因子：

請於坐姿或站姿時觀察，可請朋友為你拍照再來觀察。
※注意：身體放輕鬆，不要刻意轉動或挺胸。

雙手分別舉高至耳朵旁邊，有某一隻手無法將手臂貼至耳朵旁。

雙手做動作或提重物時，肩膀處有疼痛的感覺。

女生無法自己扣內衣背後的扣子或衣服背後的拉鍊。

男生無法抓到背後的癢處，嚴重時連放在屁股後方的皮夾都拿不到，造成生活上的困擾。

做較快速的動作時，如撿東西、拿杯子等，會感到疼痛。

肩膀會感到無力，無法提起重物。

肩頸無故痠痛。

平躺時會感覺肩膀疼痛或不舒服。

側躺時，某一側肩膀壓到會感覺疼痛。

晚上睡覺時肩膀會痛醒。

選項若有三個以上，且合併有疼痛等症狀，請盡速洽詢你的物理治療師或就醫。

奶奶藏在心裡的哀愁

年輕樣樣精通的奶奶，隨著年齡的增長，身體卻開始出現各種大小問題……

寵愛肩關節，避免重複和長時間動作

　　肩膀的工作，是負責穩定手部、給予我們萬能雙手做事的力量。因此傷害通常來自於長期重複性的動作或超過負荷，也就是過度使用肩關節的緣故。

　　肩關節為了擁有靈活的活動度，因此關節腔很淺，但也犧牲了穩定度。大部分靠周邊的肌肉群來做穩定及動作，因此適當紓緩、訓練肌肉彈性、增加力量及耐力，是保養肩關節的基本原則。平常要常進行自我檢查，做個小測驗吧！

□是	□否	1.關節活動度是否對稱？
□是	□否	2.關節活動度是否有減少？
□是	□否	3.上肢動作時是否會疼痛？
□是	□否	4.上肢動作時是否感到無力？

只要避免重複動作、長時間動作、過度負重、猛然的伸手動作等，就可以有效地預防肩關節不適唷。

要寶貝我們的雙肩，這裡的「四要訣」可別忘了：

1. 保持良好的上背部姿勢
2. 牽拉伸展肩關節
3. 按摩放鬆軟組職
4. 強化肩部肌群

保持良好的上背部姿勢

上背部範圍包括胸椎、肩胛骨、鎖骨、胸骨及肋骨，這些骨骼及周邊的肌肉，是上肢所依靠的船錨。

只有當姿勢良好的時候，肩部周邊的肌肉群才能輕鬆省力的做出動作；如果姿勢不良，肌肉原有的長度被改變，就會產生代償動作及對肌肉產生傷害。長期累積下來，肌肉纖維就會產生撕裂傷。若再不改善，就可能會演變成肌筋膜炎、沾黏等惱人的狀況。

◎改善上背部姿勢

請先試著將兩肩胛骨向中間靠攏，將胸口打開來。如果覺得很難體會，那麼請做下列的動作：

1. 先坐穩在椅子上（穩定、不可為沙發或懶骨頭類的軟椅子）。
2. 雙手手掌心朝向臉，往上伸高到最高，並同時深吸一口氣。

3. 兩手掌往外翻，並將雙手用力往後划，划一個大圈，切記動作要越慢越好。

4. 雙手放下時緩緩呼氣。

5. 重複10次，每天數回，想到就做。

先在坐姿下練習，等到熟練後，在站姿時也要同樣注意姿勢唷。

牽拉伸展肩關節

肩關節要有良好的活動度，動作才會順順順，記得三不五時拉拉筋，包你筋開、運也開。

雙肩拉筋好靈活，分為三個動作來拉筋：

◎搔癢不求人

1. 先將雙手手掌心朝向臉，往上伸高到最高最高至耳朵旁。
2. 再將手肘輕輕彎曲，直到手指能輕碰背部。
3. 另一隻手可以做為協助，將上臂貼緊耳朵。
4. 暫停在此10秒鐘，慢慢放下。重複10次。

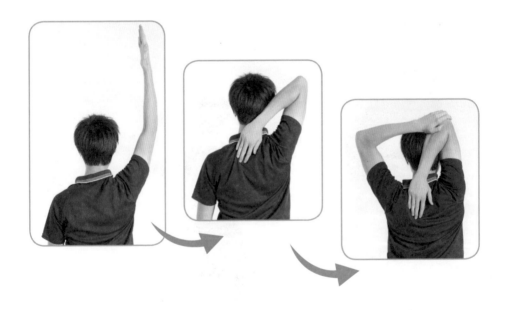

◎大隊接力別漏棒

這個動作就像大隊接力要接棒子時的動作一樣，但我們得先找張穩定有靠背的椅子，坐在椅子上。

1. 將欲拉筋的手，抓穩另一側的椅背邊緣。（椅背若有木桿，亦可抓木桿。）

2. 身體保持挺直不駝背。

3. 抓穩後身體往前，且往對側轉。

4. 暫停在此10秒鐘，慢慢放下。重複10次。

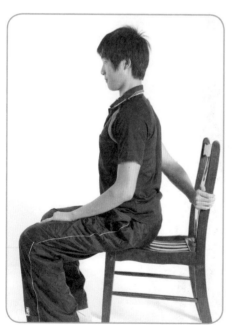 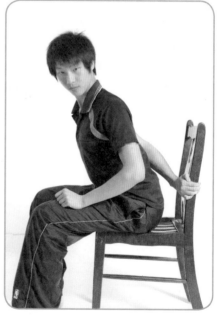

◎柳枝隨風擺

　　此動作可以站著或側躺時做。想像我們的手就像柳樹被風吹動一般，被風吹的延伸出去。

站著做：

　　1. 將手往對側上方延伸，盡量往上延伸，想像有風把你往對側吹去，你的手就要被吹過去一樣。

　　2. 在此暫停10秒鐘，慢慢放下。重複10次，可配合深呼吸。

　　3. 身體可以順著做出彎曲。

側躺做：

    1. 欲拉筋的那側在上方。

    2. 同樣將手往對側頭側延伸，努力延伸，想像連側面胸腔都有
       被拉開的感覺。

    3. 在此暫停10秒鐘，慢慢放下。重複10次，可配合深呼吸。

    這三個動作可以拉到絕大部分的肩關節活動度，但也記得要保持良好姿勢再做。而動作須越慢越好、越大越好；秉持著「少量多餐」的原則，量力而為！

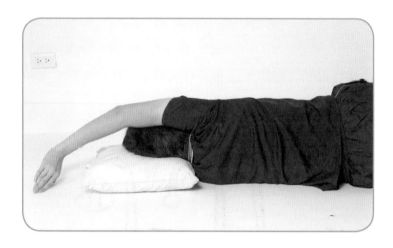

按摩放鬆軟組織

由於雙手通常都是往前做事，因此才容易造成駝背、雙肩往前曲的姿勢，而這樣的姿勢容易使胸大肌縮短、背肌被拉長、肩部肌肉施力不易，因而造成傷害。

當要處理肩關節周邊的肌肉、軟組織時，我們要記得三步驟：

1. 打開胸肌

3. 外側肩胛舒緩

3. 雙肩放下來

可以找彎曲接近90度的大湯匙，或者市面上專門按摩肩部的勾子型按摩棒，如果覺得按摩棒的頂部太尖銳，也可以把網球用膠帶黏在上面喔！

以下操作湯匙的動作，要隔著衣服或毛巾操作比較安全唷！小心不要施力過當而造成皮膚傷害唷！

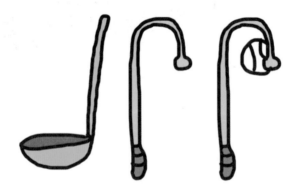

◎打開胸肌

1. 用雙手掌根扶在胸肌靠近腋下處。

2. 加點壓力把胸肌往前推，感覺胸肌有被推動。

3. 在往腋下方向向後拉，同時深吸氣。

4. 範圍由從鎖骨下方一直延伸到乳房上方。

5. 重複10次。

◎外側肩胛舒緩

1. 利用一個舀湯的大湯匙，可用木頭材質或塑膠材質，邊緣平滑的。

2. 欲做放鬆的那側手將湯匙握住，並將湯匙邊緣扣住肩胛骨外緣。

3. 將湯匙往前推拉。

4. 重複推拉約30次，範圍從腋下到腰部以上。

5. 換邊操作。

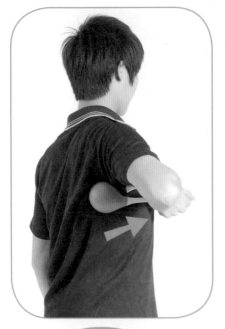 或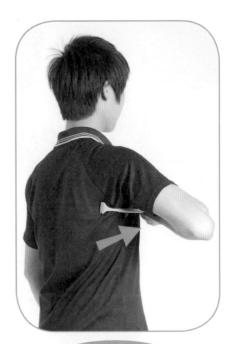

湯匙　　　或　　　按摩器材

◎雙肩放下來

1. 將湯匙握在欲放鬆另一隻手。

2. 湯匙扣住肩頸交會處。

3. 將湯匙往前推拉。

4. 重複推拉約30次。

5. 換邊操作。

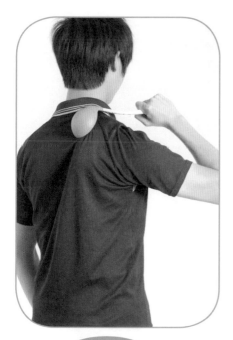

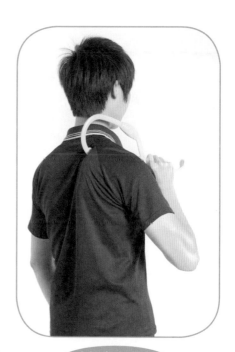

湯匙　　　或　　　按摩器材

強化肩部肌群

肩部最重要的肌力是「穩定肌群」。唯有地基穩定了，動作操作也才會輕鬆，進而避免受傷。

以下要介紹「肩部」的穩定肌群訓練。

◎牆上伏地挺身

若手肘彎曲時，肩部會感到疼痛，彎曲的範圍就縮小一些，停留的時間也縮短為五秒。

1. 面對牆面站，距離牆面以手掌可以貼到牆面為標準。

2. 雙手手掌撐在牆面不動。

3. 雙手肘彎曲至臉貼近牆面距離約15公分，暫停10秒。

4. 再慢慢將手肘撐起。

5. 重複10次。

◎我是小飛機

　　這個動作若撐不起來，表示背肌力氣明顯不足，可改為以下頁的
「站衛兵」動作來進行訓練。

　　1. 趴在床上，雙手往前伸直。

　　2. 背部用力將頭及上半身抬起。

　　3. 在此暫停10秒鐘，慢慢放鬆。重複10次。

◎站衛兵

此動作也可以不靠牆做，但須記得只要將背肌用力即可，不要變成挺腰了。

1. 背靠著牆站，雙腳跟離牆面約10公分。

2. 手肘彎起90度。

3. 兩手肘用力往牆面頂，將身體挺起來。

4. 在此暫停10秒鐘，慢慢放鬆。重複10次。

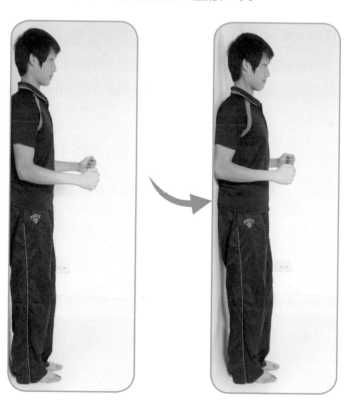

肩關節在日常生活功能中扮演著非常重要的角色，如果發生了關節沾黏、肌腱發炎等狀況，只要有一部分的角度限制，你可能就無法順利穿脫衣物、刷牙洗臉，甚至連簡單的擦屁股也變得很難。

　　但更令人討厭的是，如果沒有經常檢視肩關節活動度，它可能會慢慢的因長期過度使用而漸漸受損，直到某一天受到突然的動作、撞擊、激烈運動等因素的刺激，把整個症狀喚醒，而關節活動度受限與症狀也一併達到顛峰，這時再開始治療、重新訓練，就得花上許多心力跟時間了。

　　因此建議大家，三不五時就要多伸伸懶腰，把肩膀展開到最大的動作，除了有伸展的好處，也可以順便檢查肩關節是否有受損，工作時經常活動肩膀、動作不要太快、少做重複性的動作，這樣就可以讓肩關節好靈活、生活好愉快。

PART 3

減少滑手機，
腕關節沒負擔

在家裡，手離不開滑鼠；在公車捷運上，手離不開手機，滑滑滑……一整天下來，幾乎沒有讓手有休息的時間，這樣下去，手腕怎麼可能不痛呢？

想要手腕不痛、不生病，要滑手機也要讓手休息，再加上保持正確的姿勢，手腕的使用期限自然會長長久久囉！

你是不是也跟喵弟弟一樣呢？

3C達人

電玩達人

平日機車族

假日單車族

健身肌肉男

3567、3568～

認真工作型男

　　手腕疼痛是近兩年大量成長的症狀之一，主因大家都猜的到，就是智慧型手機與平板電腦的普及，造成男女老少人手一機、天天滑。除了滑手機的時間大幅增加，手機、平板的螢幕跟著加大，重量也變重，一支螢幕五吋的手機平均就重達170克左右，相當於半杯咖啡，感覺起來很輕，但如果請你拿著咖啡半小時，我想也是會痠痛的。但由於使用手機或滑鼠時，注意力都會集中在遊戲或其他事項，因此很容易就忽略了腕關節的痠痛，等到留意的時候，通常可能有發炎腫痛的症狀了。

　　長期累積下，就會演變成常聽到的「腕隧道症候群」，若腕關節附近的韌帶緊繃，就會導致腕隧道狹窄，進而壓迫通過的神經造成手麻、手痛等症狀。

　　另一種現象是周邊的肌腱發炎，形成媽媽手，原因則是腕部、肘部肌肉使用過度，導致肌腱發炎，產生疼痛、無力的症狀，使得工作、家事都變得困難。以前是因為媽媽做家事、抱小孩、拿鍋子，會頻繁使用手腕，使此症好發於媽媽們，因此被稱為「媽媽手」，再過幾年說不定可以改為「3C手」了。

　　如果靈活的手部發生上述的症狀，就會使日常生活受到影響，而操作事物的時間也會大幅縮短，手腕力氣大幅減少，嚴重時除了手機都拿不動以外，還可能連拿吃飯的飯碗都會痠麻、疼痛，進而帶來極大的困擾唷！

解析精密的腕關節

　　腕關節包含掌骨、指骨、橈骨與往上連結到前臂的尺骨。而紅色虛線框框就是腕隧道的位置，有許多神經與肌腱會經過此處的韌帶，因此如果我們經常將手腕處於翹起的姿勢（打鍵盤、使用滑鼠的姿勢），就容易導致韌帶緊繃，進而造成腕隧道症候群。

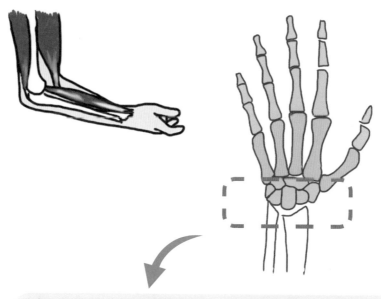

此處肌肉的起點大多在手肘關節附近，因此疼痛可能出現在腕關節或肘關節附近，當我們在做肌肉舒緩的時候，就不能只處理痠痛的部位，務必記得從肘關節到前臂、手腕、手掌通通都要一起處理唷！

　　手腕為了要提供良好且複雜的精細動作，因此其關節小而多，而肌肉、肌腱也多為小、短、薄的類型，但能提供的肌肉力量並不多，多數的力量需要向前臂、手肘、手臂、肩膀，甚至軀幹提供支援與幫助。

　　當手腕的小肌肉承受太長時間、太重負荷的時候，相關的肌筋膜就會開始產生痠痛現象，如果我們還是置之不理、不減輕負擔，使肌筋膜舒緩，就可能演變成肌筋膜疼痛、肌腱炎，甚至導致周邊韌帶增厚，進而壓迫周邊的腕部神經，變成腕隧道症候群。

　　手腕痠痛的症狀，也常因為筋膜連貫的特性而從腕部延伸到前臂、手肘甚至肩膀。通常手腕、手肘負責活動；肩膀、軀幹則負責提供穩定力量，如果我們做手部動作時忽略了肩膀、手臂的穩定姿勢，經常讓手腕、手肘、肩膀在不適當的姿勢下做事情，疼痛就會一路延伸到整個上肢。

腕關節檢查DIY

接著來檢查看看你的手腕是否有容易傷害的危險因子：

回想你日常的生活工作型態，還有相關的症狀：

經常使用科技3C產品，並連續使用30分鐘以上不休息，如手機、平板電腦等。

平日工作經常使用電腦滑鼠、鍵盤，且連續使用超過30分鐘以上。

經常需要操作儀器或精細動作，例：操作員、樂器演奏者、模型玩家、手工藝創作者等。

手部操作事物時，手肘及肩膀經常是懸空的。

經常需要騎機車或自行車。

有伏地挺身等手腕負重的重量訓練習慣。

手腕在操作事物時，常會發生痠痛的感覺。

手腕有痠痛或麻的症狀。

手部感到無力，無法負重或做事。

手腕的疼痛使日常生活受到困擾。

若有三個以上的選項，且合併有疼痛、痠麻等症狀，請盡速洽詢你的物理治療師或就醫。

好多夢想想完成的弟弟

喵弟弟是個充滿幹勁的男子漢，懷抱著各式的夢想，但最近卻發現……

雙手揮一揮，表現更靈活

手腕、手指提供給人類操作精細動作的能力，同時也因為進化成細長狀，而犧牲了承重的力量。其實「腕關節」跟所有的關節、肌肉都一樣，最害怕長時間負重、長時間維持同一姿勢（不論彎曲或翹起）、重複相同的動作。

手腕因為關節構造的因素，穩定度較不佳，因此記得要做動作時，先利用手肘、肩膀的姿勢確保穩定，才能減輕手腕動作的負擔，使動作更靈活、減輕傷害的發生。

保持靈活的雙手動作，才能有更好的工作表現、作品成果，或是運動成就，要保持靈活的雙手，可不是說說就辦得到的，我們得好好的照顧他們才行。這裡就教導大家如何照顧雙手的四個簡單的步驟：

1. 肩肘穩定、腕輕鬆
2. 拉筋翻轉好靈活
3. 按摩放鬆好舒服
4. 訓練力量更安全

肩肘穩定、腕輕鬆

無論是操作手機、電玩、滑鼠，甚至拿鍋子、提皮包、幫小孩洗澡等，只要有用到手腕動作的時候，就要記得留意上肢的姿勢！確保

上肢的姿勢穩定，手腕的傷害機會就會減輕，當然避免重複及過久的動作，更是避免傷害的一大重點。

🔽 需要做超過20分鐘以上的動作時，記得找「輔助用具」支撐雙上肢。

使用電腦桌時，將座椅盡量貼近桌面，使雙手肘、前臂可以平穩的放在桌面上。

或著可以在身體跟桌面之間，使用抱枕、外套、背包等，支撐雙手肘及前臂。

需要搬移重物時，記得手肘貼緊身體，利用手肘及肩膀夾緊的力量來移動物品，並留意手腕保持伸直。

※舉凡抱孩子、拿衣服籃買菜等時候都要留意喔！

拉筋翻轉好靈活

當重複的動作或長時間的姿勢發生時，要記得將縮短的肌筋膜做伸展、拉長的肌筋膜做活動，保持頑抗的肌筋膜能重回平衡。當然也要時常檢查腕關節的活動度，以保持良好關節活動運作，並察覺不適或症狀，以便及早保健及治療。

◎手腕轉圈圈

雙手輕鬆擺胸前，兩隻手腕順時針轉10圈、逆時針轉10圈；重複10回。

記得將此運動融入生活當中，有空檔的時候就轉一轉喔！

◎時常做「來來來」手勢

　　無論在工作或遊戲的時候，要記得常常活動雙手關節，可以預防痠痛、保持良好的活動度唷～

　　1.手腕向上翹，停留10秒鐘。手腕向下彎，停留10秒鐘。

　　2.重複20次，記得融入工作及活動，養成手腕活動的好習慣。

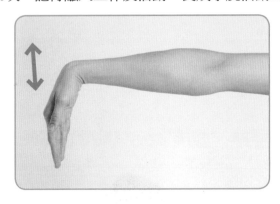

◎拉拉筋、舒緩肌筋膜

　　1. 拉拉手背側肌筋膜：一手從身旁打開、手掌向後、脖子往對
　　　側轉，手掌往後勾。如打拍子一般，重複10次。換手做。

　　2. 拉拉手掌側肌筋膜：一手從身旁打開、手掌向前、脖子往對
　　　側轉，手背往後勾。如打拍子一般，重複10次。換手做。

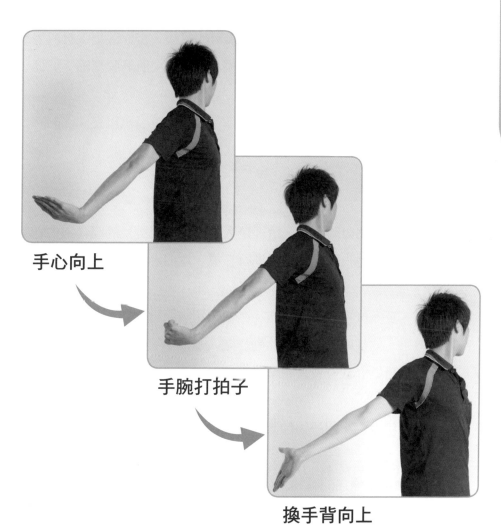

手心向上

手腕打拍子

換手背向上

　　這兩個動作同樣要融入工作生活中，只要相同動作超過20分鐘，就可以動一動，例如：課堂、會議、工作中，都可以融入。如果忘記，那麼睡前一定要記得兩手各做一次唷！

按摩放鬆肌筋膜主要是針對手部肌群的舒緩，當你感到手肘或手腕部痠痛的時候，可以操作下列的舒緩方式，避免肌筋膜緊縮、降低發炎或疼痛的機率。

若感到「手痠痠」的時候，趕緊進行操作。或者可以在洗澡的時候同時進行操作，來舒緩肌肉緊繃的狀況。

◎按按「合谷穴」

合谷穴接近虎口的位置，這裡是大拇指相關肌腱及筋膜經過的地方，而大拇指又是人類能夠隨意進行抓握、拿取等各項手部動作最重要的部分。

另外，多多按壓此處可以增加循環、預防肌腱緊縮，達到手腕部舒緩的效果。同樣地也可以將此動作融入生活中，又或者在洗澡的時候操作，都可以舒緩一整天的緊繃唷～

兩手虎口互握，用一邊的大拇指扣住另一側的虎口，並進行重複按壓。

1. 感到痠痠痛痛的時候，就是按對地方了。此時可以進行約30秒的按壓。再換手操作。
2. 如果是大拇指疼痛的朋友，可能在進行按壓時，操作的那隻手也會痠痛，這時候可以拿橡皮擦當作工具，舒緩此處的肌筋膜。

◎捏捏前手臂

大拇指連接到手肘的周邊的肌肉是手部動作主要肌肉之一，媽媽手、網球肘等手部症狀都與此處肌群有關，因此同樣應記得在進行動作時或結束一天的工作後捏捏這裡的肌肉，讓他好好放鬆舒緩唷。

進行時請將手臂置放在桌上、腿上或枕頭上支撐好。

1. 外側肌群：將一手的大拇指往上，手肘彎曲，另一手的指腹輕輕沿著大拇指往肘關節按壓，每個點按壓約10秒，再往前移動，整條前臂約可分5～10個點做按壓。有遇到比較痠痛的點，可以停留至20秒。

2. 前側肌群：此處肌群負責掌側的抓握及前臂的旋轉，姿勢與前一個動作相同。另一隻手握拳，用拳頭自肘關節往手掌方向輕推，推的時候配合上手腕的彎曲與伸直。另外，推的距離每一段約5公分，前臂約可分為3～5段。

訓練力量更安全

想要預防傷害的發生，訓練肌力是不二法門，除了可以使肌肉的彈性更好、耐力增加，使肌筋膜緊繃的狀況發生的機會降低。手腕關節主要提供靈活的精細動作，而穩定度則由手肘、肩膀、上背部負責。因此肌力訓練包括：上肢的穩定度訓練及手腕的靈活度訓練。平時沒有症狀的時候，記得抱持著「少量多餐」的觀點練習。時常練習養成習慣，肌力自然增加。

另外，老人家如果手部肌力良好，也可以降低跌倒或骨折的風險，而常做手部的動作訓練還能預防腦部退化唷！

◎上肢的穩定度訓練：前推推、後推推

目標是手臂與上背在手腕部做動作的時候，能維持良好的姿勢。進行「前推推、後推推」可改善上肢的穩定度，動作如下：

1. 將雙手手掌放輕鬆，手肘貼身體，用力將雙手推出去到最遠的地方，記得「動作越慢越好」。感受力量集中在上臂與肩膀，但不聳肩。停留10秒。

2. 手肘彎曲順勢滑過軀幹，兩手肘盡量往後推，背部挺直，兩肩胛骨靠近。停留10秒。此動作重複十次。

3. 可在工作20分鐘暫停時間操作，或著感到疲累的時候配合深呼吸操作（前推吐氣、後推吸氣）。

◎手腕的靈活度訓練

　　手部許多小肌肉互相協調後，才能做出各種日常生活動作，但因為生活、工作習慣，會導致我們某一些肌肉發達、某一些肌肉卻很無力，這樣動作就會不協調，甚至出現代償動作而導致傷害。在手部的話我們可以利用彈琵琶的撥弦練習來當作訓練。如果不流暢怎麼辦？俗話說：「練習成就完美」，不流暢就是因為肌肉不夠協調，不用擔心、反覆練習就對了！

　　1. 將手輕鬆放置在大腿上，手臂、手肘放輕鬆。
　　2. 像彈鋼琴般手指由大拇指到小指依序在大腿上輕點、循環，

若有好的協調度、動作便很流暢，反之則卡卡的。

3. 或者也可以邊做動作的時候便數數，從1數到100也可以，也記得要流暢。

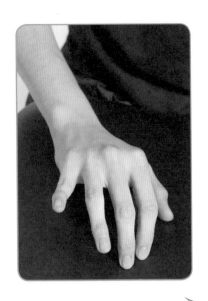 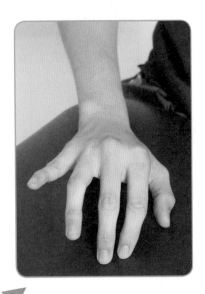

PART 4

動作做正確，
腰痛不上身

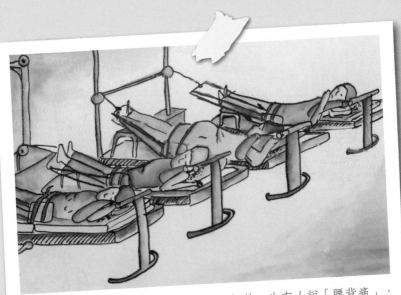

「腰痠」和「背痛」好像都是連在一起的，也有人說「腰背痛」，不管是哪一種說法，都證明了「腰部非常重要」。一旦腰出現問題，就會影響全身性的活動，而並非局部性的！所以，保養好腰部就千萬別等到腰開始有不舒服的症狀才開始喔！

你是不是也跟喵爸爸一樣呢？

長時間開車

假日最愛園藝休閒

長時間坐著開會

最喜歡軟軟的沙發

撿、抱東西都懶得蹲下

有人曾說全球90%的人都有過腰痛、下背痛的經驗，原因可能和現代人生活型態的改變息息相關。工業革命後，人們的工作時間拉長、工作型態由勞動逐漸變為長時間的坐姿或站姿。

根據網站調查，台灣的上班族5成以上每天平均坐7小時，甚至約有2成民眾平均每天作超過10小時。

久坐除了會造成活動量不足導致肥胖外，也可能引起循環類疾病，例如下肢水腫，甚至增加罹癌、慢性病的風險。

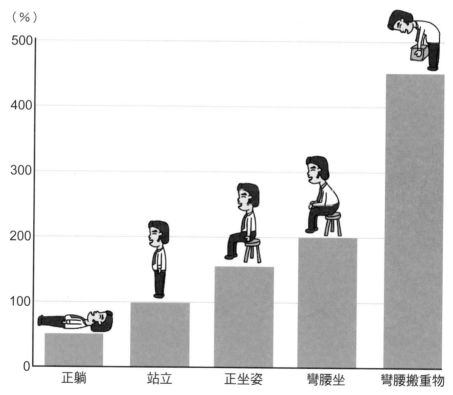

⬆ 不同姿勢與第三腰椎的承受重量百分比

　　上頁圖是在不同姿勢下，第三節腰椎所需承受的重量，縱軸的數字代表承受體重的百分比，例如：站立時100就是第三腰椎必須承受100%你的重量，500就是500%的你。

　　因此從圖可得知，如果要保養親愛的腰椎，就是要避免會造成腰椎太大壓力的動作，因為預防永遠勝於治療。

　　腰部是人體的支柱，除了要提供身體穩定度之外，還必須提供良好的活動度，因此腰部的保養第一步是，保持腰椎姿勢良好、減少椎間盤壓力；再來便是訓練核心肌群力量，讓穩定度更佳、活動時更不易受傷。

深入了解腰部構造

　　腰椎骨骼本體共五節，上承接頸椎、胸椎；下連結薦椎。

　　脊椎骨與骨中間夾有椎間盤，椎間盤像枕頭一樣做兩塊脊椎骨的避震器，最怕彎腰用力，因為此時腰椎壓力最大，椎間盤也最容易被擠出來。

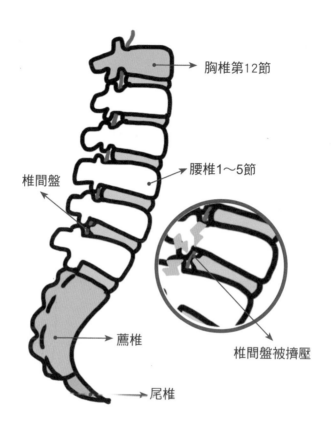

胸椎第12節

椎間盤

腰椎1～5節

薦椎

椎間盤被擠壓

尾椎

脊髓神經則穿梭在脊椎骨中的空洞中（如圖中的紅線），萬一椎間盤被擠出來時，如果壓迫到神經，就會造成許多神經性的症狀。例如：腳麻、腳痛、無力等，就像是剪斷炸彈的引爆線一般！

核心肌群

　　廣泛地說核心肌群範圍可以從頭部、頸部到肩關節、腹部一直延伸到骨盆。

　　作用就是幫助脊椎穩定，試著把脊椎骨想像成鋼筋，核心肌群就像是水泥一樣。兩者必須共同作用才能保持最好的穩定，不然房子就會垮掉囉！

坐骨神經

　　常在廣告中聽說的「坐骨神經痛」，坐骨神經到底在哪呢？

　　坐骨神經其實是腰椎第4、5神經根，與薦椎第1神經根的分支，是位於坐骨附近的一條周邊神經，如果坐骨神經受傷時，大腿後側肌群、膝蓋以下的肌肉都會受影響，可能造成相關的肌肉萎縮，而無法做出墊腳尖等動作。而且整隻腳除了踝內側外，可能都有神經異常的狀況出現。

坐骨神經圖

傷害腰部的隱形殺手

接著，檢查看看你是否有使腰部容易傷害的危險因子：

坐姿時腰椎總是往前彎曲（彎腰駝背）。

有翹二郎腿的習慣。

每天工作需要長時間坐著（每次坐的時間超過1小時）。

工作需要經常搬重物。

搬東西沒有蹲下來的習慣。

時常需要長途開車（每天連續開超過1小時）。

喜歡坐軟軟的沙發。

喜歡睡軟軟的床墊。

曾經有跌坐在地上的經驗。

有僵直性脊椎炎或其他關節炎。

若有三個以上選項，且合併有疼痛等症狀，請盡速洽詢你的物理治療師或就醫。

扛起全家的爸爸

爸爸每天早出晚歸，20幾年來重複一樣的生活，但身體最近出現了異常症狀……

1 阿爸為了家人，每天開好遠的車去上班。

2 到了公司又有開不完的會，做不完的事，一坐進辦公室就起不來了。

3 最近，阿爸只要準備下班的時候，一要起身，就覺得腰痠痛。心想：應該只是老了，循環差吧！

4 某個週末阿爸在整理他的盆栽……突然，腰部一陣劇痛!!阿爸動彈不得……

5 隔天，看醫生時，醫生說是椎間盤突出了，說阿爸坐太久、彎腰搬東西，甚至窩在沙發，都是椎間盤突出的元兇。

HIVD

6 阿爸心想～ 那我的人生還有甚麼樂趣呢～

7 阿爸麥傷心！皮老師來跟您一起做保健，讓您腰骨強壯有力免操煩！

保持好腰力

腰椎最怕就是壓力太大，而會造成腰椎壓力的第一元兇就是「坐太久」再者就是「彎腰搬重」。如非必要，切記坐10～15分鐘就起來走一走，搬重物的時候要記得先蹲下貼近身體後再抱起。如需要更詳盡的腰椎介紹說明，可以參考我的另一本著作《脊近完美》，裡面有更詳細的脊椎介紹與保健唷！

而這邊的重點是日常生活中腰部的保健，由於生活中80％都處於坐姿，因此下面皮老師帶著大家坐著練腰部吧！

1. **動如脫兔**──時常變換好姿勢

2. **情義相挺**──找工具減輕壓力

3. **釋放壓力**──伸展動作

4. **練就好腰力**──核心肌群增強

動如脫兔

現代人的問題就在於坐的時間太長，經常一上班就坐超過4小時，就算想要保持好姿勢，肌肉耐力也不足。因此除了像媽媽說的：「坐有坐相」之外，經常變換好姿勢更是重要。

以下就介紹幾個動作姿勢，讓您在工作、搭車、開會、相親等需要久坐的時候，都能輕鬆變換好姿勢，避免疼痛唷！這幾個動作，在無法起身走動的時候，可以交替使用，減少單一姿勢維持太久所造成的傷害。在覺得臀部、腰部痠痠的時候，就可以趕快做。當然，還是盡量起身走動，最好是「坐而言不如起而行」！

◎基本坐姿

坐在坐骨上、鉛錘線會通過手臂中線、肩峰、耳垂。

- 找坐骨：將雙手放在屁股底下，會感覺有兩塊硬硬的骨頭，就是坐骨的位置，這兩塊坐骨必須是承受我們重量的位置。
- 腰椎放輕鬆：可以先將腰部往前方挺到最挺後，吐一口氣，放鬆約10%！

正面

側面

◎後傾坐姿（建議使用枕頭）

同樣坐在坐骨上，從髖關節部分身體後傾，使上半身跟地面夾角約110度左右，腰部可以墊一個枕頭，保持腰椎原有的前凸（lordosis），不要使腰部陷落，變成彎腰型態了。

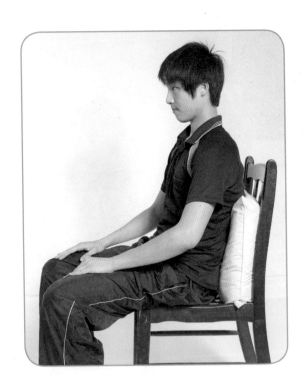

◎ 屁股翹翹板

維持坐姿，同樣坐在坐骨上，依次收縮一邊臀部，感覺像小時候用屁股在地上走路一般，左右挪動屁股，左右來回約10次。

◎屁股畫圈圈

維持坐姿，同樣坐在坐骨上，確保屁股不離開椅面的原則，進行收縮腹肌及臀部肌肉，想像用骨盆在裡面畫圈圈，順時針、逆時針各畫10圈。

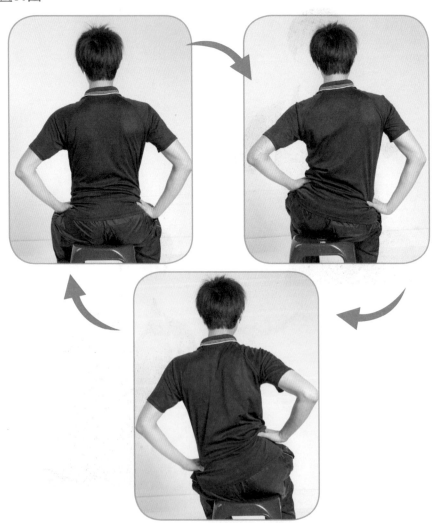

情義相挺

◎找工具減輕壓力

　　要想工作順利就必須要有好同事，想要坐的久、腰不痠，就必須有好幫手。這邊有幾個日常可取得的好幫手，來幫助我們坐的久、坐的好。

1. 抱枕、靠墊：準備一個有彈性的抱枕，大小必須要能夠支撐腰部，大概比自己的屁股大一點就可以了。至於是否需要買有弧度的靠墊，彈性比弧度重要，只要抱枕有把你的腰支撐起來的感覺，就對了！

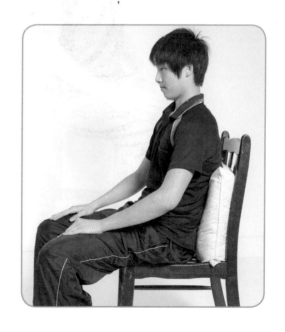

2. 皮球、筆、筆記本等，不怕被摔破的東西：可以練習把筆、
　筆記本夾在大腿之間，維持不要掉落，這樣可以訓練坐姿下
　核心肌群肌力，幫助我們維持好姿勢。也可以使用皮球、抱
　枕等有彈性的物品來做訓練效果也很好。

釋放腰部壓力

伸展運動可以伸展久坐緊繃的肌肉，避免痠痛，也可以讓我們重新回復正確坐姿。

◎勝利女神

1. 保持坐姿，將雙手往後扳住兩邊椅背，下巴收好，身體往前延伸，彷彿勝利女神的姿勢一般。

2. 身體往前延伸到最前面，停住做三個深呼吸，再慢慢回復坐姿。來回做三次。

注意，要保持腰椎挺直不駝背。坐姿時利用髖關節彎曲，當然也可以站姿時做。

Nike是希臘神話中的勝利女神，傳說她代表勝利、好運，圖中是目前羅浮宮收藏的鎮館之寶，經常像祂一樣張開羽翼（當然我們是雙手啦），不但可以讓肩關節好健康，說不定也可以帶來好運啊！

◎左右搖擺

1. 採取坐姿，兩手往上伸直，將身體挺直，往右側彎曲（小心不要變成往前彎了），停住、做三個深呼吸。

2. 再往左邊彎，停住、做三個深呼吸。來回做三次。

◎踢腳拉筋

1. 維持坐姿，將右腳往前踢直，且髖關節朝身體往前彎曲，感受到腿部後側緊緊的時候，腳踝再像打拍子一樣，來回伸直、向上翹連續10次。

2. 換左腳。

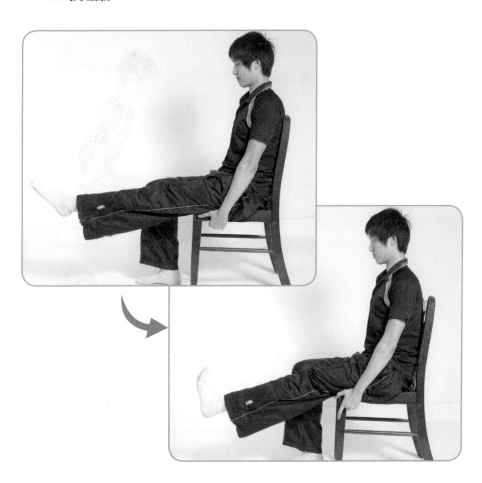

練就好腰力

腰要能撐的久，就要靠核心肌群來幫忙了。核心肌群負責脊椎的穩定度，如果核心肌群使力正確的話，就像天然護腰，便不用擔心脊椎問題囉！

由於是穩定肌群，因此訓練動作不一定會「看到」動作出現，但一定要用心感受肌肉收縮的感覺，當使力的時候，感覺腰部很穩固、有力，就沒錯囉！

訓練核心肌群的方式很多，這裡就先提出坐姿可以訓練的方式囉～

◎鐘擺動作

1. 將兩手叉腰，確認坐在坐骨上、腰椎保持自然前凸。
2. 上半身保持直立，再從髖關節帶動，使上半身像鐘擺一樣，畫圈圈。
3. 圈圈越大越好，要確定腹部、背部肌肉用力將身體穩定住，動作僅發生在髖關節，而非腰部。

◎空中漫步

維持坐姿，且坐在坐骨上，保持腰椎穩定，利用腹肌力量，膝蓋保持彎曲，將兩腳輪流抬離地面，動作放慢，左右腳交替約20次。

腰部保健三要素

1. 不彎腰：撿東西、搬重物、綁鞋帶要蹲下，不彎腰。
2. 不久坐：坐姿不要維持超過30分鐘，最好10分鐘就能起身走動，或至少伸伸懶腰。
3. 用腹肌：使用腹肌等核心肌群協助維持姿勢及搬取重物。

養腰即養生，保護腰部是進入中老年非常重要的一環，如果腰不好，走也走不動、坐也坐不久、站也站不住，嚴重甚至連翻身都會痛到受不了，那日子可是會完全沒生活品質可言，從現在開始就趕緊保養腰部吧！

膝關節很重要，
能彎能走都靠它

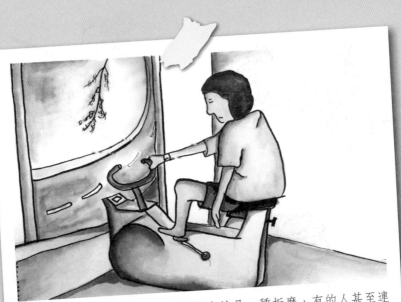

很多上了年紀的人，要爬樓梯簡直就是一種折磨，有的人甚至連走路走久一點都有困難。膝關節承受了全身的重量，本來就有很大的負擔，如果沒有做好保護，可能還沒上年紀，就已經舉步維艱了。

你是不是也跟喵媽媽一樣呢？

跪著擦地板最乾淨了

喜歡跳舞

曾經跌倒過，因此膝蓋撞傷或拉傷

經常提重物上下樓梯

喜歡慢跑

喜歡登山

從年輕人的運動傷害、中年人的關節退化，再到老年人置換膝關節，膝關節總是愛找麻煩，令人煩惱。常見的症狀除了疼痛、痠軟、僵硬還有「咖咖響」、感覺不穩定、軟腳無力等等，但只要走路、站立一定就會需要膝關節，因此如果沒有良好的膝蓋，真的會大大影響生活品質。

久坐站不起來

膝蓋僵硬

膝蓋有聲響

膝蓋痠痛

下肢無力

膝關節的祕密

膝關節的構造		
相關骨骼		近端：股骨 遠端：脛骨（內側）、腓骨（外側） 髕骨 真正構成膝關囊的是股骨、脛骨及髕骨，及半月軟骨等
相關韌帶		左右：兩側副韌帶 內側：前、後十字韌帶 髕骨韌帶

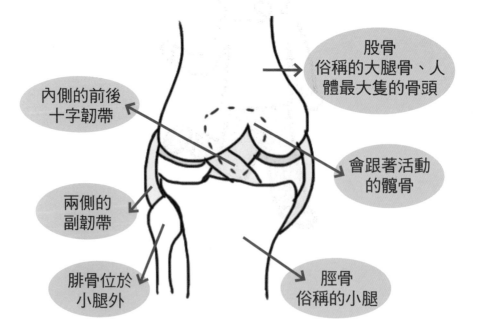

股骨
俗稱的大腿骨、人體最大隻的骨頭

內側的前後
十字韌帶

會跟著活動
的髕骨

兩側的
副韌帶

腓骨位於
小腿外

脛骨
俗稱的小腿

與肩關節相似，為了活動度，膝關節的關節腔也相當淺，穩定度主要也是依靠相對應的韌帶、軟骨與肌肉所支撐。而膝關節主要的動作就是彎曲跟伸直，幾乎沒有旋轉的動作，原因也在於其關節及韌帶構造的關係。讓我們一個一個來看看：

◎十字韌帶

包括：前十字跟後十字韌帶。兩條呈現X型的十字韌帶，負責讓我們在行走跟跑步的時候維持最大的穩定。負責的是矢狀面的穩定。

◎副韌帶

負責的是額狀面的穩定，讓膝關節保持正中，不會內翻或外翻。

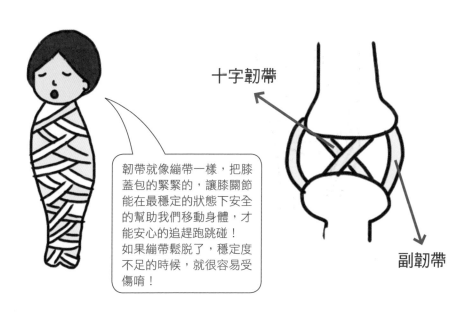

十字韌帶

韌帶就像緄帶一樣，把膝蓋包的緊緊的，讓膝關節能在最穩定的狀態下安全的幫助我們移動身體，才能安心的追趕跑跳碰！
如果緄帶鬆脫了，穩定度不足的時候，就很容易受傷唷！

副韌帶

膝關節動作雖然主要只有彎曲跟伸直，但是卻是行走跟站立、運動的主要角色。當然膝關節不只有骨骼、軟骨、韌帶等組織，更重要的還有相關的肌群。例如：股四頭肌就是膝關節最重要的肌群之一，幫助膝蓋做伸直的動作，以及在膝蓋彎曲的時候，提供穩定的離心收縮力量。包覆於其中肌腱的髕骨，也會在膝蓋彎曲、伸直的過程中，提供膝關節力學上的協助，使膝蓋使用起來更省力、更穩定。

　　髕骨被股四頭肌包起來後，連接到脛骨的這段稱之為髕骨韌帶。由於它是包在肌肉裡面的，因此它會隨著膝蓋的動作一起滑動，在膝蓋彎曲的時候韌帶會拉長、髕骨往下滑；小腿伸直的時候髕骨會往上滑。如果在這個環節出現問題，就會出現喀拉喀拉的聲音，甚至有些人在過程中會有卡住的感覺。

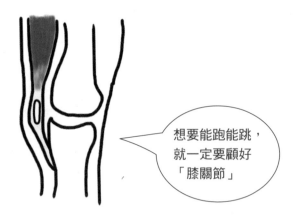

想要能跑能跳，就一定要顧好「膝關節」

膝關節為什麼會受傷？

接著來檢查看看你的膝關節是否有容易受到傷害的危險因子：

回想自己三個月內是否有以下困擾？

膝蓋疼痛。

膝蓋紅腫。

膝蓋有發熱感。

年齡大於40歲。

體重過重。

有新陳代謝疾病（如：糖尿病、痛風……等）。

早上起床膝關節覺得僵硬，但小於30分鐘。

關節會有劈哩啪啦的聲響。

長年有運動習慣。

運動時曾經聽到膝關節有「趴搭」的斷裂聲。

動作時，膝關節內有不穩定的感覺。

膝蓋前方偶有鈍痛，久坐站起時會有卡住的感覺，甚至有聲響。

經常長時間蹲或跪。

膝窩後側常有痠脹、痠痛感。

久站或久走後，膝關節周邊痠痛無力。

小腿容易抽筋。

若有三個以上選項，且合併有疼痛等症狀，請盡速洽詢你的物理治療師或就醫。

媽媽的願望

媽媽的膝關節就像不受控制般的老化、疼痛，衝擊著喵媽媽的生活！拜託小皮老師救救她！

1　救命！我的膝蓋好痛好僵硬，好痛苦喔！

2　那你説看看你的膝蓋出了哪些問題呢？
小皮老師～請你幫幫忙!!

3　上廁所蹲都蹲不下去！

4　上下樓梯，如登天般困難！

5　不管是出外搭車、逛街、爬山踏青我都跟不上別人了！！！！！
SALE

6　別急！我們一起來解決！

活化膝關節，跟著皮老師動一動

膝關節的問題同樣帶給我們生活上的不便與困擾，尤其40歲以上或體重過重的朋友們，膝關節特別容易會有疼痛、僵硬、無力等症狀發生，要及早保持膝關節靈活、周邊肌肉彈性良好，是老年生活還能享受人生的一大重點唷！

膝關節的保健重點是維持肌力，避免承重之磨損，例如：登山、跑步等會加重膝關節磨損的運動，喜愛此類運動的朋友，則要記得暖身動作的重要、運動動作的正確性與適當的輔具使用，才能避免加重膝關節的磨損情形唷！

以下的保健方式，可以增加膝關節下肢循環、加強肌力、增進膝關節穩定度，避免症狀惡化及預防膝關節受傷唷！

當然，如果已有膝關節病變的朋友或操作時感到疼痛不適，請洽詢你的物理治療師或醫師，為你適當的調整訓練的動作！

1. 增進周邊循環
2. 保持周邊肌肉彈性
3. 增加肌肉力量
4. 維持良好穩定度

增進周邊循環

所謂「通則不痛、痛則不通」，良好的循環帶動正常的新陳代謝，能讓操勞過後的肌肉、關節、韌帶獲得養分跟廢物代謝，就像機械的定期保養上油一般，才能常保運作滑順。膝關節周邊良好的循環，則要依賴肌肉的收縮與放鬆來帶動，因此以下利用肌肉的按摩來增加循環及舒緩膝關節不適的感覺。

◎按摩膝蓋後側膕窩

將兩手的大拇指扣在膝蓋正後方的膕窩，輕輕做按壓，約3～5分鐘。之後再換另一側腳。

◎小腿腓腸肌肌腱按摩

1. 將兩手虎口抓住小腿後側
   肌群，輕輕重複提捏，約
   3～5分鐘。
2. 再換另一側腳。

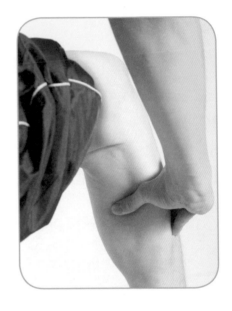

◎股四頭肌按摩

1. 將兩手虎口抓住大腿前側
   肌群，輕輕重複提捏，約
   3～5分鐘。
2. 再換另一側腳。

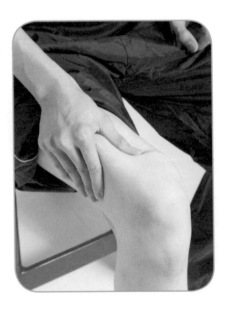

保持周邊肌肉彈性

如同前段所述膝關節周邊良好的循環，要依賴肌肉的收縮與放鬆來帶動，除了按摩來放鬆之外，肌肉的彈性也非常重要，而肌肉要保持彈性則需要經常性的活動，以下選擇幾項重要的下肢肌群活動，包括股四頭肌與臀大肌，他們在站立及行走中扮演重要的角色，讓他們有足夠的力量及良好的彈性，是膝關節保健的一大重點。

◎股四頭肌主動收縮

1. 保持坐姿，身體貼著椅背。慢慢將膝蓋伸直，停留10～20秒。
2. 慢慢放下，重複30次。每天2～3回。

◎臀大肌主動收縮

採取站姿，扶著椅背，一腳站穩，另一隻腳膝蓋向後彎起、往後
抬起來，停留10～20秒。慢慢放下，重複30次。每天2～3回。

增加肌肉力量

　　這部分與前一段保持肌肉彈性的差異在於，保持彈性是肌肉做主動收縮，就像拉橡皮筋一樣保持彈性就好。然而肌力訓練是增加肌肉負重的能力，這樣才有足夠的能力執行動作，而降低受傷的機率。因此本段的動作可以說是上段的進階版，是抗重力的訓練，動作過程中請留意姿勢要保持正確、軀幹要保持直立，不要因為貪圖抬腿的高度而出現奇怪的代償姿勢喔，這樣不但訓練不到想要訓練的肌群，反而還會弄得腰痠背痛。

◎股四頭肌肌力訓練

1. 站姿下，一腳彎起、另一腳單腳站，站的那隻腳膝蓋微彎，停留10秒。
2. 慢慢伸直，伸直過程越慢越好，重複10次，再換腳訓練。每天2～3回。

◎臀大肌肌力訓練

1. 趴著，一隻腳膝蓋向後彎起、膝蓋往上抬離床面，停留10～20秒，再換腳訓練。

2. 慢慢放下，重複30次。每天2～3回。

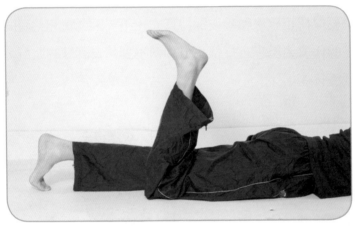

維持良好穩定度

前面提到膝關節的穩定度大部分都依靠韌帶與肌肉，要有靈活的下肢動作與反應，首要條件是下肢穩定度要夠好，動作反應跟協調才會好。你還記得林書豪因為劇烈的轉身而造成膝關節韌帶拉傷嗎？之後他也是靠著努力的肌力訓練，將下肢相關的肌群穩定度加強，才能再重返球場。

◎兩腳站得穩

1. 上半身靠牆，腳跟離牆面約15公分，屁股貼緊牆面。輕輕往下蹲，眼睛往下看，膝蓋不超過腳尖。

2. 停留10秒，再慢慢用膝蓋把身體撐起來站直，重複10次。每天2～3回。

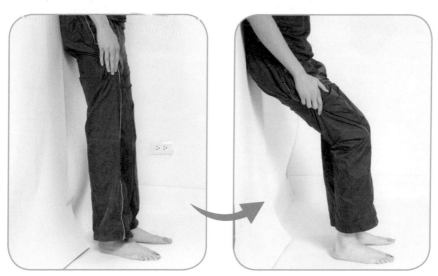

◎單腳站得穩

　　支撐腳的膝蓋要對齊同腳腳尖，不能歪掉。此動作較為困難，可能引發疼痛，若有不適請立即暫停，諮詢你的物理治療師或醫師。

1. 找一個小階梯，約15公分高即可。

2. 兩腳站階梯上，一腳往下放腳尖輕點地面，另一腳在階梯上支撐，停10秒。重複5次、每天2～3回。

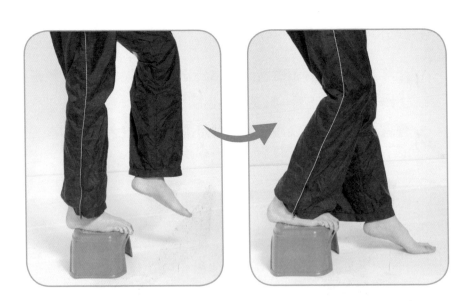

　　如果膝蓋已經有不適症狀的朋友們，在選擇運動的時候，建議先以無負重的腳踏車（室內型）及游泳為首選，可以在避免膝關節負重的狀態下，進行肌力訓練，這樣對膝關節的保健有較好的成效。

　　另外，要盡量避免休閒式的爬山、跑步等，也就是平時不訓練，心血來潮才突然去四個小時的爬山或跑步好幾公里，這很容易造成膝關節的傷害。應該平常就少量多餐的進行相關的運動，例如每週三次、每次30分鐘的健走或慢跑，慢慢的訓練，而不是帶著「平常不吃飯、假日吃到飽」的心態來做運動唷！

PART 6

踝關節照顧好，
走路沒煩惱

踝關節同樣的也承受了全身的重量，自然也需要好好保養，像是扭傷、穿高跟鞋、打球、跑步……都是造成踝關節傷害的主因，甚至沒有選擇適合的鞋子，對我們的雙足也是不好的，可是，總不能不動不走吧，所以，這裡就要教大家好好的走，並且找一雙好鞋，穿得舒服，走得輕鬆，就不會受傷啦。

你是不是也跟小喵一樣呢？

小時候扭傷過

走路一定要滑手機，
才不管路面有什麼

喜歡打籃球、排球

約會時愛穿高跟鞋

下樓梯喜歡跟同學奔跑嬉鬧

平常愛穿夾腳拖，穿著逛街走路

大約有80%的人們都曾經有過足部疼痛的困擾，從腳踝扭傷、足底筋膜炎、後跟疼痛、足跟骨刺、雞眼等等，都會令人們感到相當的痛苦。因為腳底疼痛，只要一站起來就馬上感受到它的存在，想站無法站、想走不能走，坐太久站不起來、走太久又撐不住，真的大大影響生活品質。

踝關節像堆積木

踝關節是由許多小骨頭堆疊而成的複合性關節，中間有許多韌帶幫助固定、肌肉則協助動態穩定及產生動作；我們把骨骼想像成積木，韌帶們就是固定積木的膠帶，肌肉則是連帶動作的橡皮筋。當橡皮筋或膠帶鬆脫的時候，積木就會鬆動、失去平衡，接著就會更容易受傷及發生疼痛。

而足踝與小腿骨骼的形狀、構造與彼此連接的方式，是為了能推進我們的腳向前進、並且給予支撐。因此足部的關節構造複雜同時具有良好的穩定性及彈性，讓我們遭遇各種地面狀況時能夠有良好的反應與平衡。

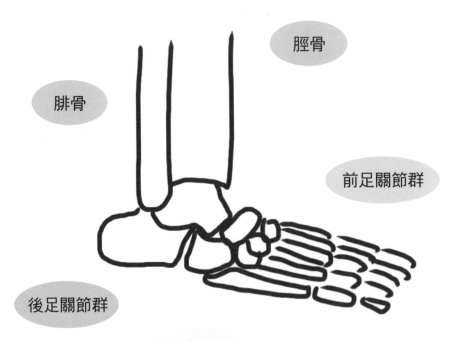

腓骨

脛骨

前足關節群

後足關節群

中足關節群

首先，我們先認識小腿與足部連結的相關構造吧！

小腿骨與跟骨、距骨，主要負責穩定及承重，身體的重量從大腿骨、膝蓋一路傳到此處。

此處的動作不多，但卻是下肢的支點，再配合上中足及前足的彈性結構，才能將身體推進，做出各式足部動作及追趕跑跳。

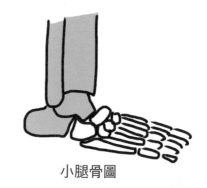

小腿骨圖

中足的部分就像手掌的手掌骨一樣，彼此之間的關節動作很小，但加成起來便可以協助我們適應各種地面，也不會造成關節太多的壓力。

另外，它也是足弓的中心，就像是拱橋的中段一樣。

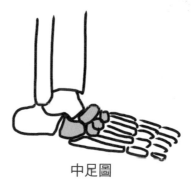

中足圖

前足也就是腳趾頭的部分，雖然我們摸到的腳趾頭只有短短的，但腳其實有1/2以上是腳趾骨及蹠骨。

當我們踮腳的時候，彎曲的地方到趾尖為趾骨，而從足弓最高處到彎曲處為蹠骨。

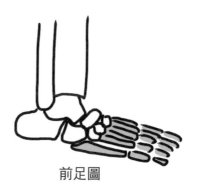

前足圖

有前、中、後三種不同結構跟形狀的骨骼，才建立起穩定、能承重、活動度好的足部構造。接著就必須配合上彈性結構，讓關節開始動作囉。

如同上面的敘述，足踝關節之所以能承受全身的重量，主要便是它有拱橋般的構造加上韌帶與肌肉的良好支撐，當然也必須配合我們的姿勢與動作重心放在關節正確的位置上，才不會造成結構上的塌陷或軟組織的傷害。這一點其實在其他關節上也同等重要，良好的姿勢與動作習慣永遠都是保養關節的第一要件。

如果因為姿勢不良、動作習慣不正確、鞋子選擇不適當或受傷後沒有良好訓練，踝關節構造偏移或軟組織（韌帶、肌肉）拉傷，就會造成疼痛。又因為站立或走路都需要腳踏實地，因此踝關節對於生活品質與功能的影響是非常大的，甚至也可能因為站立、行走時足底疼痛，使得站姿、步態不良，產生其他部位的代償動作，而導致腰痛、膝蓋痛等後續的症狀。

你的踝關節是否容易受傷？

接著，檢查看看你的足踝是否有容易受傷的危險因子：

請於站姿時觀察，可請朋友為你拍照再來觀察。
※注意：身體放輕鬆，不要刻意轉動。

	觀察是否有內八或外八（第二根腳趾對準膝蓋骨為正中參考點）。
	足跟與阿基里斯腱是否成一直線或歪曲（往內或往外）。
	阿基里斯腱兩側有腫脹的現象，或兩側不對稱。 （注：阿基里斯腱於後面有說明喔！）
	足跟常感疼痛或按壓會疼痛。
	足底會感到疼痛，尤其是睡醒剛踏到地板的時候。
	足底在長時間站立或走路後會疼痛，但其他時候不會。
	內側足弓較為塌陷與地板沒有空隙。
	內側足弓較高，大腳趾些許翹起。
	前足底有厚繭（雞眼）。
	大腳趾外側有突出（拇指外翻）。

若有三個以上選項，且合併有疼痛等症狀，請盡速洽詢你的治療師或就醫。

舊傷新傷一併發作的小喵

小喵的腳踝本來就不太好，隨著年齡增長，腳踝扭傷、腫脹
的機率也越來越高……

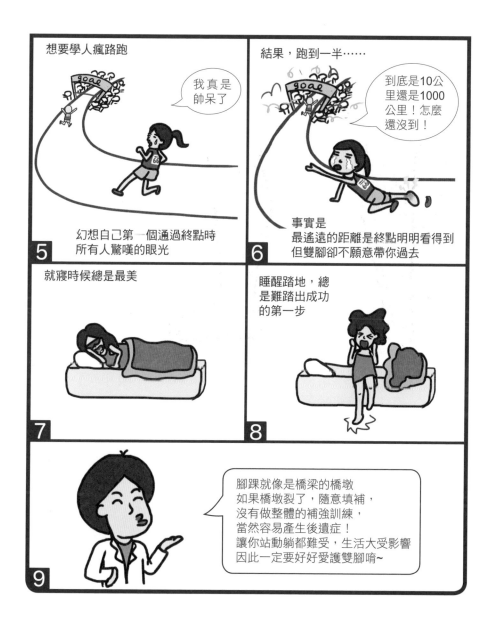

解析踝關節

阿基里斯腱：小腿肌肉連至腳跟最粗、最重要的一條肌腱，可在後
腳跟上方目測到。也是希臘神話中第一勇士阿基里斯
唯一的弱點，可見這條肌腱的重要性。

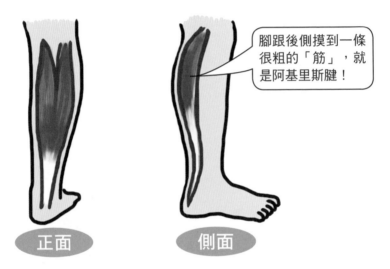

腳跟後側摸到一條
很粗的「筋」，就
是阿基里斯腱！

正面　　　　側面

足　　　弓：在足部的內側中段（也就是中足的部分），有像拱橋
形狀的部分即為足弓，足弓是支撐體重非常重要的結
構，因為這個拱橋型的結構，小小的腳才能撐起整個
身體的體重。

雞　　　眼：為足部皮膚摩擦後產生的厚繭，通常出現在小趾外側
或前足中間，在核心位置的厚繭有時會嵌入肉裡，導
致在受到擠壓或足部踩踏的時候會特別疼痛。通常是
因為鞋子太緊、太小或足部力量不足、姿勢不良而導

致壓力集中在前足的蹠骨頭，使皮膚生成厚角質層而形成。

就像是最前面小喵的生活型態，如果你也有下面的生活習慣或經歷，代表你可能是足踝關節的好發族群，那麼即使現在沒有症狀，也要記得慎選鞋子，還有好好寶貝自己的雙腳唷～

另外，如果你是以下這些族群，那麼請好好愛護你的雙腳，跟著下面的保健方法一起來愛護雙腳。

● 經常穿高跟鞋或硬底鞋。

● 經常穿硬底夾腳拖。

● 跑者或運動員。

● 平衡能力較差、容易跌倒的人。

● 曾經有扭傷過。

● 扁平足或高弓足。

● 需要長時間站立工作或行走的人。

● 家族中有人有拇趾外翻或扁平足、高弓足的病史。

如果已經有症狀影響到站立、行走功能，請盡速就醫並洽詢你的物理治療師，切勿忍耐，早期發現早期治療，以免造成更多後續的症狀。

愛護雙足自己來！

　　小小的足踝關節看似不起眼，但實際上不論要走要跑，它卻是首當其衝的幫我們對抗地板，因此要時常地愛護它，讓足踝關節有良好的步態、經常放鬆、適當的鞋具支撐，才能讓我們走起來輕盈靈活。

　　寶貝雙腳，五要訣：

1. 保持良好站姿與步態（走路的姿態）
2. 牽拉伸展足踝關節
3. 按摩放鬆軟組職
4. 強化足踝部肌群
5. 找雙適合自己的好鞋

接著我們就一起跟著皮老師動一動吧！

步態訓練

　　請先穿著輕鬆有彈性的褲子，並準備好全身鏡、小的方形抱枕等工具。接著再進行以下動作：

1. 右腳前弓，左腳後箭站穩。
2. 右腳腳板翹起，重心擺在後腳。
3. 將右腳板踩下同時，重心轉移至右腳，注意右腳膝蓋不要完全打直。感覺重心由腳跟→腳板外側→前腳掌→大腳趾
4. 同時左腳跟浮起，膝蓋放輕鬆。
5. 左腳往前跨步，左腳跟先著地。
6. 從第一步驟重新開始（左右腳交換）。

◎動作操作要點

1. 速度放慢，留意自己的重心轉移是否有正確的由後腳→外側
   →前腳掌→大腳趾。

2. 照著鏡子注意軀幹保持正中，雙腳腳尖保持在正前方（留意
   不要內八或外八）。

3. 肩膀放輕鬆，雙手垂掛身體兩側自然擺動，因速度放慢，因
   此擺動幅度不會太大，不需刻意搖晃雙手。

4. 等練習較為習慣自然後，可以在頭頂上放一個方形的小抱
   枕，以增加難度。枕頭保持平衡不要掉下來即可。

足踝部肌肉強化練習

請準備止滑墊，若無止滑墊，用浴巾或巧拼地墊也可以，但請小心地滑。

◎動作一

1. 將止滑墊放在地板上，雙腳踩上去。
2. 右腳踩穩、左腳向後勾起懸空，盡力維持平衡。
   （若無法平衡，再找椅背當作扶手）
3. 右腳膝蓋保持微彎。
4. 雙手做出游泳的划水動作，
   重複10～20圈。
5. 左右腳交換。

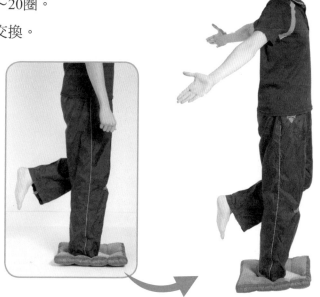

◎動作二

1. 將止滑墊放在地板上，雙腳踩上去。

2. 雙腳同時做踮腳尖的動作，雙手同時舉高，暫停10秒。

3. 放鬆休息，重複10～20次。

按摩放鬆軟組織

雙腳每天支撐著我們沉重的身體，當然要好好的愛護它。傳統療法也說，腳底有很多穴道反射區，多按摩腳底有助身心健康，西方醫學也有反射區及許多淋巴管、血管在腳部通過。

因此每天洗澡後，為自己辛苦的雙腳按摩、做做運動，慰勞它一天的辛苦，也檢查看看有沒有痠痛不適的地方，如果發現也可以及早處理，預防後續的症狀惡化。

◎舒緩各肌肉、韌帶

1. 可使用一些乳液或嬰兒油。按壓內、外踝與腳跟中間，沿著內、外踝下緣往後上側提拉，重複約10～20下。

2. 用兩手大拇指沿著阿基里斯腱兩側往上滑推約10公分，重複10～20下。

3. 用雙手將小腿肌抓按放鬆約3分鐘。

4. 用大拇指按推膝蓋後方膕窩處，重複10～20下。

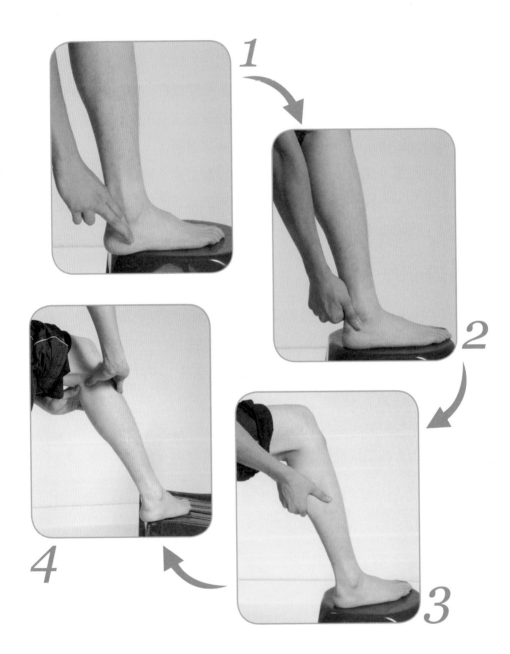

◎鬆動各個關節

1. 一手各抓住一隻腳趾頭，兩手交替做上下的動作，將關節鬆動。依序將五根趾頭鬆動完成。

2. 用手掌將五根腳趾往內壓（像握拳動作），伸展腳背側。

3. 用雙手將五根腳趾往外展開（像打開手掌的動作），伸展腳掌側。

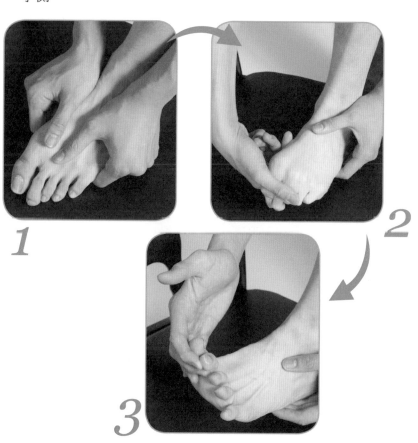

1

2

3

選雙適合自己的好鞋

選一雙好鞋，重點不在品牌、價錢、流行，最重要是適合自己的腳型。那是否需要去訂做貴貴的鞋墊或特製鞋呢？我個人淺見是若非腳嚴重變形、長短腳超過3公分，或者有神經病變等疾病，導致腳部張力不正常等，經過醫師、治療師診斷建議使用，否則一般民眾不一定需要訂製鞋墊或特製鞋。

那要怎麼選一雙適合自己的腳型的鞋子呢？以下提出幾點供大家參考。

所需材料：一張紙（比雙腳大）、一枝筆、皮尺
1. 將紙舖在平整的地面上，右腳踩上去。
2. 蹲在地上，用筆將腳的輪廓畫出。
3. 量出腳的長度跟最寬的地方的寬度。
4. 將左腳的長度跟寬度也測量出來。
5. 將右腳的長度跟寬度也測量出來。
※測量之後可以記住自己的size，幫助我們找到適合的楦頭及長度的鞋子。

如何選擇適合自己
的腳型的鞋子

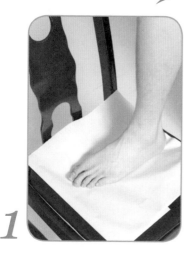

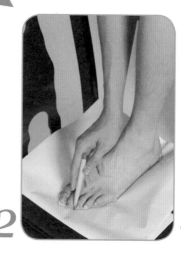

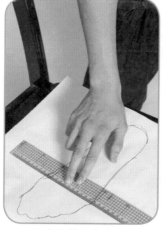

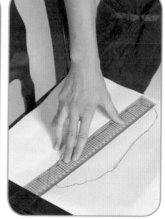

量出腳的最寬的地方
的寬度。

量出腳的長度

◎買鞋的第一要點：一定要試穿！

就像穿衣服要試穿才知道剪裁好不好看，鞋子更要試穿，因為衣服不合身頂多不漂亮，但鞋子不合腳卻可能造成傷害、疼痛等等後遺症，千萬不要小看唷！

測量好上面說的長度跟寬度後，就可以出發買鞋子囉！

- ☑ 選在傍晚之後買鞋子。

- ☑ 不要為了限量、零碼而削足適履，勉強自己。

- ☑ 購買時要選長度、寬度都大於剛剛測量的鞋子。
  由於每雙鞋版型不同，無法統一說要找大於腳多少公分的鞋子，還是要以試穿的感覺為主。也不能單靠號碼來決定唷！

- ☑ 試穿時感覺腳趾頭可以在鞋子裡面活動，不會感到緊繃。

- ☑ 包覆性佳，站立時不會變形坍塌。足弓處有良好的支撐，這在高跟鞋的選擇上更加重要。

- ☑ 腳底柔軟有彈性，做踮腳動作時，鞋子能跟著有量的彎曲，且有支撐、軟墊的感覺，不要是硬邦邦踩到地板的感覺唷！

在購買鞋子的時候，要記得起來走一走、踏一踏，多試穿幾種款式及前後尺碼，才能有所比較。鞋子是很容易耗損的用品，如果發現鞋底已經磨損的很厲害，或走起來已經感覺鞋底硬邦邦、鞋型有塌陷的現象發生時，就需要換雙新鞋囉！

以我自己為例，治療師的工作每天上班時間平均約要行走8000～

10000步，因此選一雙適合自己鞋子，才能讓工作順利、更保護自己。通常我會根據用途購買鞋子，例如：上班時有專門的室內健走鞋、通勤時有球鞋、約會時有休閒鞋、宴會時有高跟鞋。主要在挑選這些鞋子的時候，也都要依照上述的方式選鞋，這樣不管何時都能保持好體態、足部也能常保健康舒暢。

如果為了美觀或其他因素，無法一雙鞋走透透，因此我才會建議依照自己的生活型態，挑選最常遇到的幾種狀態來挑選鞋子，這樣才能又美麗又健康。

男性朋友也是一樣，上班有皮鞋、出門約會有休閒鞋、運動穿球鞋。這樣也能時尚又健康。

至於拖鞋，除非到海邊玩水，不然請避免長時間穿著拖鞋出門，因為一般拖鞋都是硬底、薄底居多，穿久很容易造成足底筋膜炎，而且去到公共場所，穿拖鞋也不適宜。

但目前市面上有一些機能性的拖鞋或涼鞋，主打厚度夠、有彈性的鞋底，則請你也經過試穿再決定看看適合與否。

這邊再特別提出高跟鞋的挑選，我個人其實不太會穿高跟鞋走路，幾年前連穿跟高1公分的休閒鞋也都會立刻疼痛得無法行走。後來我參考步態的書籍、介紹高跟鞋的書籍，請教很會穿高跟鞋的朋友後，發現了一些小技巧，讓不太會穿高跟鞋的朋友們，能一次上手，讓我們在宴會、party時也能美美地亮相。

高跟鞋的種類繁多，跟大家分享挑選的小撇步：

1. **穩定度高**：楔型底>粗跟>細跟。

2. **包覆好**：靴子>牛津鞋>有綁帶的鞋>包鞋 > 涼鞋>拖鞋。

3. **足弓的位置正確**：這個要靠試穿，試試套上去的時候，腳底是否有感覺被支撐，壓力不會都在腳掌。如果是已經購買的鞋子，則可以在鞋中放入化妝用的海綿，填滿空洞的部分，就可以有良好的支撐。

4. **足底有彈性**：鞋內的鞋墊要有彈性，走起來對踝關節或膝蓋的衝擊較小。

5. **鞋的邊緣柔軟**：可先在鞋的邊緣貼上透氣膠布，或市面上常見的貼布，來減少摩擦的狀況。

6. **自製鞋墊**：可以找乾淨的粉撲（海綿材質Q彈型的），寬度大約跟鞋子的寬度一樣就可以了，把粉撲墊在高跟鞋的足弓轉折處，試穿看看並調整位置到覺得最舒適的位置就可以了（視粉撲的大小及舒適度做裁剪）。

用粉撲的好處是便宜、好取得、可替換、很衛生，非常方便又有效。

　　關節的保健最重要的就是預防勝於治療，如何預防？答案就是好好使用它們，如何正確使用則須端看每個關節的特性，並依照前面的章節所述，我們再把每一個關節的重點做複習：

頸 部	1. 良好姿勢的維持，避免脖子往前突的動作 2. 經常性的活動 3. 核心肌群的訓練 4. 避免重複的動作及單一的姿勢	脖子前突No
肩 部	1. 維持上背部良好姿勢，避免駝背的姿勢 2. 經常舒緩肩部肌肉 3. 經常伸展肩關節 4. 避免重複的動作	重複動作No
腕 部	1. 動作時將手肘、肩膀的姿勢穩定好（利用工具） 2. 避免長時間手腕翹起的動作 3. 經常活動手腕	手腕長時間翹起No

腰部	1. 避免彎腰的動作 2. 坐姿時要支撐好腰部 3. 經常活動 4. 核心肌群要訓練	彎腰No ✕
膝蓋	1. 減輕體重 2. 下肢肌力要訓練 3. 運動以少量、多餐、維持久為原則	假日運動員No ✕
腳踝	1. 選擇穩定性好的鞋子 2. 走路時保持良好姿勢 3. 扭傷後急性期過後要訓練腳踝活動度	夾腳拖No ✕

　　「善待身體」其實就是保健身體最重要的概念，現代人因為工作壓力、工時超長，經常都到身體發生警示（例如：疼痛、活動度下降、發麻等），症狀很明顯的時候才會想到要處理身體的問題。

　　其實平常只要維持良好的生活、動作、姿勢習慣，經常活動、維持適當的運動，常常檢查自己的身體狀況，甚至跟自己的關節對話，關心每個關節的狀況，及早舒緩不適、調整錯誤習慣，就能擁有靈活的關節。

最新枕頭健康法：換枕頭，就能變健康

山田朱織◎著　高淑珍◎譯　定價 250 元

只要一顆枕頭，就能讓你「一覺到天亮」、「改變你的人生」！

全書共分為五個部分，詳細說明何謂「枕失眠」、利用枕頭調整健康、排解身體壓力、長年宿疾與不良姿勢改善的情況，還有最重要的讓你學會判別枕頭材質、高度等，挑選出最適合自己的枕頭。

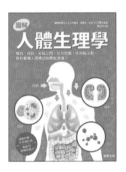

圖解人體生理學

石川隆◎監修　高淑珍◎譯　定價：350 元

瞭解人體運作的必備生活教科書，您絕對用的到！

身體哪個環節出問題，在這本書通通可以找到答案。若能了解身體基本的機能與構造，就能進一步了解有關這些機能或構造發生某種異常時的疾病狀態！養好健康的身體，就不再是件難事了！

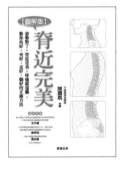

脊近完美【圖解版】

陳淵琪◎著　定價：250 元

圖解式的脊椎保健工具書

作者以輕鬆的文字，可愛傳神的繪圖，帶領大家從上到下逐一認識脊椎，既告訴讀者每一段脊椎容易出現什麼健康問題，同時也告訴讀者該如何正確的照顧脊椎。

更年期，好自在【修訂版】

王瑞生、張家蓓、李德初◎著　定價：300 元

市面上最完整、最詳盡的更年期百科

本書從學理與專業角度，結合西醫、中醫、自然療法三位醫師，彙整關於更年期最全面、完整且詳細的療法與保健資訊，讓讀者從各種層面理解及吸收有關更年期的所有知識。

鼻炎‧鼻咽癌：怎樣預防、檢查與治療的最新知識

喜悅健康診所主任醫師 楊友華醫師◎著　定價：250 元

鼻咽癌的痊癒率高達八成

「鼻咽癌」這種癌症，從小朋友到八十幾歲阿公阿嬤都可能罹患，其中以 45 歲上下的人罹患率最高。 而其症狀卻是大多數人最容易忽略的，因為與鼻炎症狀太為類似了！

別讓焦慮症毀了你

前衛福部桃園療養院精神科 林子堯醫師◎著　定價：250 元

台灣的精神疾病盛行率 20 年整整暴增 1 倍！

每個人其實或多或少都有點「焦慮」傾向，只是自己不自知罷了！焦慮不一定是不正常的現象，但過度焦慮絕對是有問題的！因此我們都應該好好審視自己，是否為焦慮症高危險者。

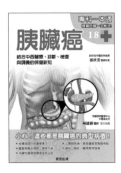

胰臟癌：結合中西醫療、診斷、檢查與調養的保健新知

郭世芳中醫診所院長 郭世芳醫師◎著　定價：250 元

沉默的新型殺手疾病－胰臟癌

作者本身具有中西醫的背景，也是腫瘤（癌症）治療這方面的專家。全書以中西醫合併治療的觀點做切入，也以中西醫綜合療法達到對胰臟癌的預防、控制及後續治療。

子宮頸癌：從檢查到診斷、後續治療與術後生活的必備知識

小田瑞惠◎著　高淑珍◎譯　定價：250 元

好發於 20-39 歲的婦科癌症

本書為了揮別女性的疾病夢魘，教你瞭解疾病、檢查與治療的方法。除了治療方法，更提供術後生活務必須瞭解的知識。讓你能順利的從疾病中康復，重新散發女性的光輝。

健康百科 28

關節使用手冊
人體關節的使用與保養 [圖解版]

作者	陳淵琪
主編	莊雅琦
企劃編輯	何錦雲
編輯	吳怡蓁
美術排版	曾麗香
封面設計	柳佳璋
攝影	查理王子·攝影工作室
動作示範	李思翰

創辦人	陳銘民
發行所	晨星出版有限公司
	台中市 407 工業區 30 路 1 號
	TEL:(04)23595820　FAX:(04)23550581
	E-mail:health119@morningstar.com.tw
	http://www.morningstar.com.tw
	行政院新聞局局版台業字第 2500 號
法律顧問	陳 思 成 律師
初版	西元 2015 年 12 月 15 日
郵政劃撥	22326758（晨星出版有限公司）
讀者服務專線	04-23595819#230
印刷	上好印刷股份有限公司

定價 250 元
ISBN 978-986-443-064-2

MorningStar Publishing Inc.
Printed in Taiwan

國家圖書館出版品預行編目資料

關節使用手冊:人體關節的使用與保養[圖解版]/
陳淵琪著 -- 初版 . -- 臺中市:晨星 , 2015.12
　　　面；　公分 . --（健康百科;28）

　　　ISBN 978-986-443-064-2（平裝）

　　　1.關節

394.27　　　　　　　　　　104018900

以下資料或許太過繁瑣，但卻是我們瞭解您的唯一途徑
誠摯期待能與您在下一本書中相逢，讓我們一起從閱讀中尋找樂趣吧！

姓名：＿＿＿＿＿＿＿＿　　性別：□ 男　□ 女　　生日：　　／　　／

教育程度：□ 小學 □ 國中 □ 高中職 □ 專科 □ 大學 □ 碩士 □ 博士

職業：□ 學生 □ 軍公教 □ 上班族 □ 家管 □ 從商 □ 其他 ＿＿＿＿＿＿＿

月收入：□ 3萬以下 □ 4萬左右 □ 5萬左右 □ 6萬以上

E-mail：＿＿＿＿＿＿＿＿＿＿＿＿＿　　聯絡電話：＿＿＿＿＿＿＿＿＿

聯絡地址：□□□＿＿＿＿＿＿＿＿＿＿＿＿＿＿＿＿＿＿＿＿＿＿＿＿

購買書名： 關節使用手冊：人體關節的使用與保養[圖解版] ＿＿＿＿＿＿＿

‧請問您是從何處得知此書？

□書店 □報章雜誌 □電台 □晨星網路書店 □晨星健康養生網 □其他＿＿＿＿

‧促使您購買此書的原因？

□封面設計 □欣賞主題 □價格合理 □親友推薦 □內容有趣 □其他＿＿＿＿＿

‧看完此書後，您的感想是？

＿＿＿＿＿＿＿＿＿＿＿＿＿＿＿＿＿＿＿＿＿＿＿＿＿＿＿＿＿＿＿＿＿＿

‧您有興趣了解的問題？ (可複選)

□ 中醫傳統療法 □ 中醫脈絡調養 □ 養生飲食 □ 養生運動 □ 高血壓 □ 心臟病

□ 高血脂 □ 腸道與大腸癌 □ 胃與胃癌 □ 糖尿病 □內分泌 □ 婦科 □ 懷孕生產

□ 乳癌／子宮癌 □ 肝膽 □ 腎臟 □ 泌尿系統 □攝護腺癌 □ 口腔 □ 眼耳鼻喉

□ 皮膚保健 □ 美容保養 □ 睡眠問題 □ 肺部疾病 □ 氣喘／咳嗽 □ 肺癌

□ 小兒科 □ 腦部疾病 □ 精神疾病 □ 外科 □ 免疫 □ 神經科 □ 生活知識

□ 其他＿＿＿＿＿＿＿＿＿＿＿＿＿＿＿＿＿＿＿＿＿＿＿＿＿＿＿＿＿＿

□ 同意成為晨星健康養生網會員

以上問題想必耗去您不少心力，為免這份心血白費，請將此回函郵寄回本社或傳真
至（04）2359-7123，您的意見是我們改進的動力！

晨星出版有限公司 編輯群，感謝您！

享健康 免費加入會員‧即享會員專屬服務：
【駐站醫師服務】免費線上諮詢Q&A！
【會員專屬好康】超值商品滿足您的需求！
【每周好書推薦】獨享「特價」＋「贈書」雙重優惠！
【VIP個別服務】定期寄送最新醫學資訊！
【好康獎不完】每日上網獎紅利、生日禮、免費參加各項活動！